世界生物群落

Arctic and Alpine Biomes

极地和高山生物群落

[美] Joyce A. Quinn　著

李　梅　译

张志明　总译审

包国章　专家译审

长春出版社

全国百佳图书出版单位

图书在版编目(CIP)数据

极地和高山生物群落/(美)乔伊斯·A.奎因(Joyce A. Quinn)著；李梅译. —长春：长春出版社，2014.6（2017.6重印）

（世界生物群落）

ISBN 978-7-5445-2418-6

Ⅰ.①极… Ⅱ.①乔…②李… Ⅲ.①北极–生物群落–青年读物②北极–生物群落–少年读物③高山区–生物群落–青年读物④高山区–生物群落–少年读物 Ⅳ.①Q145–49

中国版本图书馆 CIP 数据核字(2012)第 315297 号

极地和高山生物群落

著　者：[美]Joyce A. Quinn		译　者：李梅	
总 译 审：张志明		专家译审：包国章	
责任编辑：李春芳　王生团　江　鹰		封面设计：刘喜岩	

出版发行　**長春出版社**　　　　总编室电话:0431-88563443
　　　发行部电话:0431-88561180　　　邮购零售电话:0431-88561177

地　　址:吉林省长春市建设街 1377 号
邮　　编:130061
网　　址:www.cccbs.net
制　　版:荣辉图文
印　　刷:延边新华印刷有限公司
经　　销:新华书店

开　　本:787 毫米×1092 毫米　1/16
字　　数:186 千字
印　　张:14.5
版　　次:2014 年 6 月第 1 版
印　　次:2017 年 6 月第 2 次印刷
定　　价:27.00 元

中文版前言

　　"山光悦鸟性，潭影空人心"道出了人类脱胎于自然、融合于自然的和谐真谛，而"一山有四季节，十里不同天"则又体现了各生物群落依存于自然的独特生命表现和"适者生存"的自然法则。可以说，人类对生物群落的认知过程也就是对大自然的感知过程，更是尊重自然、热爱自然、回归自然的必由之路。《世界生物群落》系列图书将带领读者跨越时空的界限，在领略全球自然风貌的同时，探秘不同环境下生物群落的生存世界。本套图书由中国生态学会生态学教育工作委员会副秘书长、吉林省生态学会理事、吉林大学包国章教授任专家译审，从生态学的专业角度，对翻译过程中涉及的相关术语进行了反复的推敲论证，并予以了修正完善；由辽宁省高等学校外语教学研究会副会长张志明教授任总译审；由郑永梅、李梅、辛明翰、钟铭玉、王晓红、潘成博、王婷、荆辉八位老师分别担任分册翻译。正是他们一丝不苟的工作精神和精益求精的严谨作风，才使这套科普图书以较为科学完整的面貌与读者见面。在此对他们的辛勤付出表示衷心的感谢！愿本书能够以独特的视角、缜密的思维、科学的分析为广大读者带来新的启发、新的体会。让我们跟随作者的笔触，共同体验大自然的和谐与美丽！

　　本书有不妥之处，敬请批评指正！

英文版前言

　　在考察的过程中,我有幸亲身体验了北极和高山地区的生态环境。我去过拉普兰,爬过内华达州的高山和比利牛斯山,徒步穿越过北美洲、欧洲、亚洲的许多高山。在鲜花盛开的草地上行走,倾听岩石堆里土拨鼠的叫声,对野外考察者来说真是莫大的享受。

　　对于那些鸿篇巨制来说,这本书只能算是入门级的。它只涵盖了万千自然界中的一小部分,而自然界的大部分都因人类有意或无意的活动而处于危险境地。人类对于所研究的对象,哪怕只有一点点认知,也会激起他们渴望探知更多信息的好奇心。你对它越是了解,就越觉得它重要。当公众意识到自然界的各个要素之间的相互作用时,便唤起了对自然环境保护的更多关注。我希望,通过这本书把我对北极和高山生态环境以及对当地生物的认识呈献给大家,读者可从中领悟到世界上的植物或动物生存在各自的自然环境中的重要性,而不是把它栽植在植物园中或拘禁在动物园中。

　　北极和高山的生物群落指的是因受纬度或海拔的影响,超越树木生长极限的寒冷地区。本书的第一章解释了北极、南极和高山地区常见的现象,如温度、降水和各种生命形式。第一章中提到了这三个地区的差异,在随后的章节中将有更详尽的说明。在各个章节中被选出来并加以描述的地理区域涉及北极和南极地区,中纬度高山生境和热带高山地区。

　　本书附有许多地图、图表、照片和图画,其目标读者既定位为高中生,也包括大学本科生和其他对高山自然生态环境感兴趣的学生。

我要感谢凯文·唐宁,正是他的卓越洞察力和一如既往的支持才使本书得以完成。杰夫·迪克逊做了大量技术性很高的工作,他对我的草图加以加工制作才使它们成为有意义的图表。瑞德福大学地理系的伯纳德·库恩尼克提供了极地和高山地区的全球分布图。一些人慷慨地为本书提供图片,也有一些人在阅读草稿后给出了建议。在此,我深深地感激所有帮助我完成这本书的人。然而,个人水平有限,错误在所难免。

目　录

如何阅读本书

这本书共分四章,内容包括北极和高山生物群落的总体介绍、北极和南极冻原生物群落、中纬度高山冻原生物群落和热带高山生物群落。本书的介绍部分对各个生物群落的特征进行了统一描述,如生物群落的物理生境、植物和动物的适应性。接下来的部分先是对某一生物群落进行全球范围内的概述,然后再对该生物群落的固有特征进行描述。地域性描述是按照生物群落所在的大洲位置进行组织编排的。每一章节及对每一地区的描述都能独立成章,但也有着内在的联系,在平实的叙述中,能够给读者以启发。

为方便读者的阅读,作者在介绍物种时,尽可能少使用专业术语,以便呈现多学科性,对于书中出现的读者不太熟悉的术语,在书后的词汇表中有选择地列出了这些术语的定义。本书使用的数据来自英文资料,为保证其准确性,仍以英制计量单位表述,并以国际标准计量单位注释。

在生物群落章节介绍中,对主要的生物群落进行了简要描述,也讨论了科学家在研究及理解生物群落时用到的主要概念,同时也阐述并解释了用于区分世界生物群落的环境因素及其过程。

如果读者想了解关于某个物种的更多信息,请登陆网站www.cccbs.net,在网站中列出了每章中每种动植物中文与拉丁文学名的对照表。

学名的使用

　　使用拉丁名词与学科名词来命名生物体，虽然使用起来不太方便，但这样做还是有好处的，目前使用学科名词是国际通行的惯例。这样，每个人都会准确地知道不同人谈论的是哪种物种。如果使用常用名词就难以起到这种作用，因为不同地区和语言中的常用名词并不统一。使用常用名词还会遇到这样的问题：欧洲早期的殖民者在美国或者其他大陆遇到与在欧洲相似的物种后，就会给它们起相同的名字。比如美国知更鸟，因为它像欧洲的知更鸟那样，胸前的羽毛是红色的，但是它与欧洲的知更鸟并不是一种鸟，如果查看学科名词就会发现，美国知更鸟的学科名词是旅鸫，而英国的知更鸟却是欧亚鸲，它们不仅被学者分类，放在了不同的属中（鸫属与鸲属），还分在了不同的科中。美国知更鸟其实是画眉鸟（鸫科），而英国的知更鸟却是欧洲的京燕（鹟科）。这个问题的确十分重要，因为这两种鸟的关系就像橙子与苹果的关系一样。它们是常用名称相同却相差很远的两种动物。

　　在解开物种分布的难题时，学科名词是一笔秘密"宝藏"。两种不同的物种分类越大，它们距离共同祖先的时间就越久远。两种不同的物种被放在同一属类里面，就好像是两个兄弟有着一个父亲——他们是同一代且相关的。如是在同一个科里的两种属类，就好像是堂兄弟一样——他们都有着同样的祖父，但是不同的父亲。随着时间的流逝，他们相同的祖先起源就会被时间分得更远。研究生物群落很重要的一点是："时间的距离意味着空间的距离"。普遍的结论是，新物种是由于某种原因与自己的同类被隔离后适应了新的环境才形成的。科学上的分类进入属、科、目，有助于人们从进化的角度理解一个种群独自发展的时间，从而可以了解到，在过去因为环境的变化使物种的类属也发生了变化，这暗示了古代与现代物种在逐步转变过程中的联系与区别。因此，如果你发现同一属、科的两个物种是同一家族却分散在两个大洲，那么它们的"父亲"或"祖父"在不久之前就会有很近的接触，这是因为两大洲的生活环境极为相同，或者是因为它们的祖先克服了障碍之后迁徙到了新的地方。分类学分开的角度越大（例如不同的家族生存在不同的地理地带），它们追溯到相同祖先的时间与实际分开的时间就越长。进化的历史与地球的历史就隐藏在名称里面，所以说分类学是很重要的。

　　大部分读者当然不需要或者不想去考虑久远的过去，因此拉丁文名词基本不会在这本书里出现，只有在常用的英文名称不存在时，或涉及的动植物是从其他地方引进学科名词时才会被使用。有时种属的名词会按顺序出现，那是它们长时间的隔离与进化的结果。如果读者想查找关于某个物种的更多信息，那就需要使用拉丁文名词在相关的文献或者网络上寻找，这样才能充分了解你想认识的这个物种。在对比两种不同生态体系中的生物或两个不同区域中的相同生态体系时，一定要参考它们的学科名词，这样才能确定诸如"知更鸟"在另一个地方是否也叫作"知更鸟"的情形。

第一章
北极和高山生物群落

　　北极和高山的生物群落，也被称为冻原，是指没有树木生长的区域。在这些区域，气温低、土壤贫瘠、土层浅，再加上终年刮风、干燥等因素限制了植物的生长。不完整的植被，让人感觉这里更像沙漠。但这里并不总是干燥，低温抑制了水分的蒸发，在土壤和岩石的深处也会有水或者冰。虽然"极地"冻原不是指南北两个极点，而是指北极圈和南极圈附近及纬度更高的地区，但是"极地"冻原或许是一个比较恰当的词，用以定义高纬度没有树木的区域，它涵盖了南极和北极。如果不特别说明，在本书里使用的极地指的是南北两极地区，高山指的是位于任何纬度的高海拔的没有树木生长的山区。

　　经常有人说山顶的高山气候和植物与北极冻原上的是相同的。两者的年平均气温和白雪覆盖的时间或许相似，但是它们的不同点却多于相同点（见表 1.1）。北极和中纬度高山冻原的年平均气温都在冰点之下。两类冻原地处中纬度到高纬度地区，冬夏两季间的温差特别大。冬季非常冷，气温多在冰点之下，而夏季却异常凉爽。即使在夏季，白天气温达到 60°F ~ 70°F（约16℃ ~ 21℃）的情况下，平均气温仍达不到 50°F（约10℃）。植物的生长季为6 ~ 10周，一般从春季的最后一场大规模霜冻开始，到秋季的第一场霜冻结束。但是，即使在短暂的夏季，气温也可能会降至冰点。冻原上的土层浅、土壤贫瘠、岩石结构和排水系统也变化多端。在这两类冻原上生长的植物以矮生灌木、苔藓、地衣、莎草和

表 1.1　北极冻原与中纬度和热带高山的生态环境比较

特征	北极冻原	中纬度高山	热带高山	南极冻原
林线	海拔330英尺（约100米）	平均在北纬40°~50°：5000~9850英尺（约1500~3000米）；南纬40°~50°：3300~6550英尺（约1000~2000米）	9850~13000英尺（约3000~4000米）	无树木
永冻土	连续的和间断的	间断的	无	稀少
生长季长度和日均温度	短,温度低	短,温度低	全年,温度低	短,温度低
昼夜温度变化	没有昼夜交替,几乎没有变化	极端,由纬度和白昼长度决定	极端	没有昼夜交替,几乎没有变化
季节性温度变化	极端	极端	几乎无变化	极端
地势	平坦至起伏	裸露岩石,悬崖峭壁,深冰川谷	裸露岩石,悬崖峭壁,深冰川谷	平坦至起伏,有一些高山、山谷和冰原岛峰
土壤	土层浅、营养物少,或者沼泽多	土层浅、营养物少	土层浅、营养物少	土层浅、营养物少
土壤排水	受永冻土阻碍,排水不畅	由地势决定	由地势决定	排水良好
光的变化规律（白昼长度）	24小时的白昼或黑夜,随季节变化	白昼和黑夜的长度随纬度变化	全年白昼和黑夜各12小时	24小时的白昼或黑夜,随季节变化
光照强度和紫外线	低,特别是多云的时候	强,除了多云的时候	强,除了多云的时候	低,特别是多云的时候
大气气体含量	标准	氧气和二氧化碳含量随高度增加而降低	氧气和二氧化碳含量随高度增加而降低	标准
气压	标准	随高度增加而降低	随高度增加而降低	标准
向阳面与背阴面的微气候	较小	极端,因海拔不同而变化	极端,因海拔不同而变化	较小
风	从无风到强风,由北极锋的位置决定	由地势和纬度决定	无风	从无风到强风,由南极锋的位置决定
降水量	低	随高度增加而增加	云层之下随高度增加而增加,云层之上随高度增加而下降	低
积雪层	薄	有变化,从薄到厚	有变化,从薄到厚	从薄到无

多年生阔叶草本植物为主。两类冻原上的微气候和土层基质决定着两类冻原上植被的类型，如湿地草原、耐旱的石楠或灌木，以及多岩石的植物生长地。高山植被规模相对较小，湿地冻原分布也较窄，因高山冻原上的永冻土（永久冻结的土壤）较少，排水较快所致。北极冻原和北半球中纬度高山冻原的植物群带上的植物相似。植物区域里的植物类型变化连续：从森林到生长受到抑制的矮树（高山矮曲林），到高灌木，再到低矮的冻原植物，同属的植物常常生长在一起。而热带和南半球的高山植被却与之十分不同。北极冻原和高山冻原的最大相似之处就是都缺少树木，并以某一种植物类型为主。总的说来，寒冷的温度把这些生境归为同一生物群落。

向阳还是背阴

大部分来自太阳的能量波长短，能自由地穿过地球的大气层到达地面，地面将这些能量吸收。然后，地球再以波长较长的红外线形式向外辐射这些能量。大气层不会让波长较长的红外线轻易地返回太空。相反，它会吸收能量而使空气保持温暖。在海拔高的地方，空气较为稀薄，更多波长短的能量在地表会被吸收，使得阳光充足地区的地面温度上升。当你站在高山上有阳光的地方，你会觉得温暖，因为你的身体正在吸收太阳辐射。然而，在稀薄的空气中，几乎没有空气颗粒物，所以较多的红外线能量会穿透大气返回太空，致使地表和空气寒冷。而当你走进背阴处，你会感觉气温低。高山植物每日都经历这些极端温度变化。雾或云通过阻挡向地表辐射的短波能量接收和返回太空的长波能量的损失，减少极端温度变化。

北极冻原与高山冻原之间也有很多差异。在吸收阳光和接收太阳辐射方面，它们之间差异巨大。北极地区要经历长达6个月的极昼或极夜，而高山地区的日照长度随季节变化而变化，太阳倾角随纬度变化而变化。极地地区的季节性温度变化比每日的温度变化大，而处于热带的高山的情况刚好相反，从白天到夜晚的温度变化大于从冬季到夏季的温度变化。在北极地区，以24小时为一周期，没有标准的白昼或黑夜存在，温度保持不变，这在夏季有白昼的植物生长季期间特别重要。在海拔高的地区，白天太阳辐射强，温度高，而在夜晚，能量以红外光的形式散射回太空，从而导致温度下降。热带高山气候的特征是缺乏季节变化。人们常常把热带高山环境温度描述为白天如夏，夜晚似冬。山坡的坡度和朝向使高山气候更具多样性。陡峭的山坡能拦截低角太阳辐射，相比平坦的区域，可以吸收更多的能量。赤道两侧朝北或朝南的斜坡，因纬度和位置的不同，要么总是向阳，要么总是背阴，随着季节而变化。在一些高山地区有强风，而在北极，风通常可忽略不计。北极地区几乎不下雪，而一些高山地区每个冬季都会下几米厚的雪。高山生态环境常缺少永冻土，也缺少因排水不畅而形成的大规模的湿地生活环境。漫长的北极夜晚会限制动物的活动，而在海拔高的地区，稀薄的空气也会对植物和动物的生长造成影响。

人们很难对"冻原"一词进行定义，对位于赤道和南半球的冻原进行定义更是难上加难。俄语"tundra"一词的意思是没有树的土地，它可能来源于芬兰语的"tunturi"，即贫瘠的土地，也可能来源于拉普兰语，意为多沼泽地的平原。严格地说，这个词应该用以指与山顶相比照的北极或南极的无树木区域。

"高山"一词起源于欧洲的阿尔卑斯山，经常用来描述整片的山区。严格意义上讲，它是指高山上树木生长水平线以上的区域。高山冻原一词也指海拔高的无树木的区域。许多科学家限定了高山一词的使用范围，仅用它来指带有险峻斜坡的高山，而不包括海拔高的平坦的高原，如海拔16400英尺（约5000米）的中国西藏。因为山区遍布世界各地——两极、热带、大洋中的岛屿、大陆、潮湿地区和干燥地区，所以高山气候差异很大。高山冻原主要细化为两大区域：一个是在北半球与中纬度高山相关的北极和高山冻原，另一个指主要位于南美洲和非洲的热带以及亚热带的高山生态环境。位于南半球高山上范围较小的高山地区可算作高山冻原的第三部分。北半球由北向南的迁移通道使以上地区的高山冻原和北极冻原有许多相似之处，有许多相同的植物物种。与之相反，热带和南半球的高山地区因与世隔绝，拥有独特的高山植物群。

北极的位置

北极地貌位于北极附近，环绕着北美洲、欧亚大陆以及北极岛屿以北的北极点。高山冻原遍布全球，而且在所有纬度上都有分布，但是由于受彼此不相连的山峰的限制，其分布是不连贯的。在北半球，向高纬度延伸的高山生态环境中也混有在极地附近存在的冻原，但是再向南，在尼泊尔和中国西南部的山脉上，高山生态环境就断开了。除去用作牧场的区域，高山地区的遥远和不易到达等难处对当地天然的植物群落起到了保护作用。高山位于有植物生长的许多地区，这是促成植物多样性的因素之一。但是地域上的隔绝、气候的变化、山势、冰川作用和微生境等因素也可以使植物更具多样性。因为定界线常常是宽广的群落交错区域，而不是突然的分明的界线，而且人们通常无法准确地描绘山顶的小块面积，所以小型地图上所显示的冻原或许会误导我们。

科学家所使用的指代北极或高山冻原的专用名词总是不一致的。像半北极冻原、南方冻原、中高山冻原或低高山冻原的说法都是不严密的。目前尚无较简单的术语，能精确地表达北极、亚北极、高山和亚高山等含义。北极一词起源于希腊语"Acktos"，即熊的意思，现在被用来指北极星之下的高纬度地区。高山来自拉丁语"Alpes"，指意大利北部被雪覆盖的白色高山——阿尔卑斯山。"亚"作为词的开头，意思是"不完全的"，指还不能完全达到北极或高山冻原条件的情况。亚北极区、亚高山带常常指所处纬度有点偏向赤道或海拔高度仅仅在冻原之下的地区。南极和亚南极指的是与北极和亚北极地区相对的南半球区域。

严格地讲，北极按照纬度，指北极圈至北极极点之间的区域，但是按照生物群落的定义，北极指无树木的地带，它可能会延伸到北极圈以南。冻原也可能不总是由永冻土构成。永冻土层的边界有时与林线相一致，一些永冻土层过去可能是气候的一个构成因素，但现在可能已不再是了。

因为缺少高山气候数据，所以林线是对高山地区定义时最常用的术语。总体上讲，使用林线作为界限能满足北半球的情况，但是这一标准不适用于全球。人们很难用树木或林线为生长在热带高山上的高高的莲座丛下定义。安第斯山脉的西坡起源于沙漠而非森林，那里就没有林线。因此，50℉（约10℃）的夏季等温线就成了一个时常被使用的标准。在夏季，树木不能在较冷的气温中生长，所以夏季等温线有时会与冻原植被重合。亚北极地区和亚热带地区指高山矮曲林带，这里的树木受气候条件影响而变矮，但这些地区也有北极地区的未受到气候条件影响的能充分生长的树种。

高北极和极地荒漠指裸露的岩石地区，它们只能供地衣生长，零星分布着小块的沼泽，在较为适宜的有养料供应的栖息地上也可见到有花植物。同样的不毛之地，在高山上指雪原或维管（束）植物生长受到限制的风带。虽然这些术语时常被交替使用，但是，雪原指雪地与裸露的岩石，而风带则指由风运送昆虫和营养物所达到的海拔高的生态环境。安第斯山和喜马拉雅山因其海拔高而拥有分布最为广泛的风带。

标志性植物可以用来界定冻原。典型的极地-高山物种，像苔藓剪秋罗属植物、高山酢浆草属植物、有穗状花序的三毛草属植物和紫色虎耳草属植物，它们都能经受住夏季的低温和冬季的强风，可以作为北半球冻原（北极和高山）的标志性植物，但不能作为热带或南半球高山地区的标志性植物。

全球林线

　　林线一词的含义很模糊，尤其是在历史上森林受到人类破坏的地区，这种破坏导致了无树区域的增加。在欧亚大陆，天然林与人工林之间的界限很模糊。林线是指森林与北极或高山生态环境之间的过渡带，在这一地带单棵直立的树干长到 20 英尺（约6米）高就停止生长。一些相同的树种可能会继续在林线以上生长，但只能长成矮的或匍匐灌木。能生成成材的大原木的木材限界一词，不等同于林线，尽管二者经常被交替使用。林线因纬度不同而不同，在北极或亚北极，它通常位于海拔330英尺（约100米），在热带位于海拔9850~13000英尺（约3000~4000米）。在中纬度地区，北半球的林线要高些，北纬40°~50°的林线为5000~9850英尺（约1500~3000米），而南纬40°~50°的林线为3300~6550英尺高（约1000~2000米）（见图1.1）。

　　一些因素会导致林线变化，尤其在北半球的中纬度地区。除纬度外，山坡朝向、海岸与内陆的位置、降雨量等都能引起气候的变化。夏季大陆地区所积累的热量更多，林线在这一地区最高。雪线也显示出了相似的模式，在北半球的变化也要大些。

　　温度、海拔、日照长度、生长季等许多因素是相互关联的。人们不能断言某一因素是形成林线的唯一原因。林线受风、雪堆、岩石、土壤的制约，但树木通过为附近的地面遮阳，固定雪，提供防风保护，阻止紫外线，缓和昼夜温度变化等方式也影响着当地气候。对中纬度地区的林线有重大影响的因素，放在热带也许无关紧要。虽然人们经常见到的只是平均值，但气候因素中的极端状况或持续期间通常影响更大。树能活数百年，或许是过去的气候决定了当前的林线的位置。人们经常说最热月份的平均气温50℉（约10℃）是树木生长的极限。虽然这一数字对

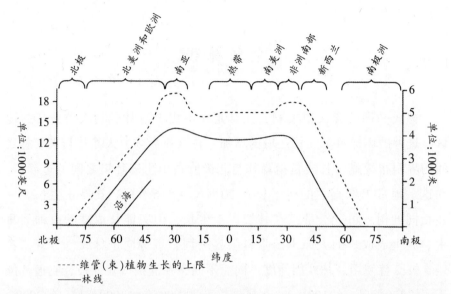

图 1.1 总的说来，林线从南北两极向赤道方向上升。然而，它却在低中纬度地区达到最高值，在热带又略有下降。北半球林线较高，是因为在北半球有可以积蓄更多热量的大陆。维管（束）植物生长区的最上限也遵循类似的模式 （杰夫·迪克逊提供）

于温带来说是准确的，但对为期2.5～12个月的生长季来说，平均气温43℉（约6℃）是在世界范围内使用的一种可靠的测量方法。在更新世时期，温带的高山森林遭到毁坏，高山带延伸到低地，这为北极和高山植物提供了迁移路线。在热带地区，林线要低3300～5250英尺（约1000～1600米）。

单独一个因素不可能形成世界范围内的林线。树木不能在某一海拔高度以上生长的原因有许多。例如，积雪深、范围广会使生长季大大缩短。长期不融化的厚厚的积雪可以成为霉菌和真菌的避风港，而它们会抑制植物生长。风也使植物承受压力、遭受磨损，风吹着冰，会使冰脱水。风还能把种子吹离适宜发芽的地方。生命活动，例如动物吃树皮、种子、幼苗或昆虫群袭也是影响林线形成的因素。人类活动，如不断地烧荒，或者为了得到木材或柴火而伐木，都会破坏一些地区的天然林线。潜在因素还有太阳辐射强度或云层遮盖的差异，因为反复结冰会破坏林线。林线能在霜冻罕至的沿海高山气候中形成。同样，冰和风对植物的机械损害也是一个潜在因素，林线会在少风和少有冰刮磨的地区出现。短暂的生长季限制了植物的繁育，这又会影响中纬度高山的林线，但这一说法不适用于没有季节变化的热带高山地区。

树木需要时间让柔弱的新生组织或幼芽完成生长，植物在生理上变硬，使它们能经受住冬季的低温和脱水。高高的树冠能阻止太阳的能量向下透进土壤。在海拔高、气温较冷的环境中，植物的根部所获得的热量不足，无法保证植物为过冬而变硬所需的时间，因而植物的生长受到了限制。高山带身材矮小的树，其树荫下面的温度比高树的温度高，但比地面的温度低。因此，在林线处各个树的一个相应的做法就是让树与树之间的间隔变大，从而使树根的区域变得更温暖些。

温度，特别是中纬度地区的夏季温度，常常可以决定林线。但像安第斯山的寒冷贫瘠高地上和西藏中心地区所发生的干旱也是一个重要的决定因素。在西藏，林线高于14750英尺（约4500米），在南美洲的寒冷贫瘠高地林线接近16400英尺（约5000米）。由于干燥的原因，那些地区的雪线高于197000英尺（约6000米）。

北半球林线的树木种类大部分以松木、云杉和冷杉为主的针叶林。在欧亚大陆和北美洲西部的较为温暖的地方也有唯一的一种落叶松生长。在凉爽潮湿的气候环境里，像芬诺-斯堪的纳维亚半岛（包括挪威、瑞典和芬兰的半岛），树木生长更常见。在欧洲中部和高加索山上，主要生长着桤木和山毛榉。在欧洲和喜马拉雅山的林线生长的树种是杜鹃属植物。热带和南半球的林线生长的树种，因为彼此隔绝而不尽相同。地处热带的安第斯山上有多鳞属植物生长，而在安第斯山南部主要生长着每年落叶的南方山毛榉。新西兰的林线生长的树种主要是罗汉松和南方山毛榉。虽然在高山地区生长的类似树的植物使得生长带模式变得复杂，但在热带非洲高山上的林线树种仍是石楠属植物和腓利比种等杜鹃花科灌木。在非洲南部干燥的德拉肯斯堡高原上最高的树是普罗蒂亚木。

自然环境

冰川作用

大陆冰川作用　大陆冰川，也称为大冰原。不仅影响着北极冻原和南极冻原的地貌，影响着北美洲北部的许多地方和欧亚大陆，向南还影响着美国、欧洲和俄罗斯的中纬度地带。然而，由于北美洲西部、亚洲东部过于干燥，冰原向南无法到达那里。在更新世时期，北半球的气候异常寒冷，以至于冬季的积雪到第二年夏季都未完全融化。在数千年的时间里，雪逐渐堆积、挤压，形成超过一英里厚的冰。冰的自身重量削弱了大块冰中心的力量，导致了冰的边缘向四面八方移动。冰必然会在陆地上移动，成为冰川；而移进大海的同样的冰叫冰架，或者因其在水上漂浮而叫浮冰。冰川的冰总是由中心向外移，它不会移动回雪曾经聚集的地方。如果雪积累成冰的速度超过冰边缘的损耗（因融化、冰川崩解和升华而消融）的速度，冰的前锋就会继续向外增加，离原来的中心更远。如果雪积存的速度等同于冰融化的速度，即使冰本身

> ### 冰如何移动？
>
> 　　大陆冰川上坚固的冰循着地势，移动得非常缓慢。山谷冰川的冰由于受地心引力的影响会沿着山坡向下移动。冰移动的方式是复杂的，它在因受到摩擦而融化形成的薄层水上滑动，就像在雪上滑雪的人。这如同在一副纸牌上面施加压力，受到压力作用的每一张牌都会在其他的纸牌上面滑动。

仍然移动，冰的前锋也保持稳定。当雪积存的速度小于冰融化的速度，冰的前锋会向它最初出发的中心方向融化。现在，这些移动发生在冰川

覆盖的南极洲和格陵兰岛。

冰的这种特定运动会对其下面的地形起作用。当冰向外移动的时候，特别是在加拿大靠近北美洲起点的地方，冰对大地既刮又蹭，把岩石从土壤中带出来。在冰川消融期间，被冰携带的岩石、泥沙和黏土碎片就会在冰的边缘，随着冰的融化而沉积下来。因冰的融化而直接沉积的物质混杂在一起，形成了大小不一的由残骸组成的混乱的冰砾土。由冰砾土形成的山冈和绵延起伏的地形被称为冰碛。冰的活动方式决定了冰碛有不同的种类。江河溪流带走来自冰川融化的水，并把沉积物按大小分类，留下了平坦的含有沙石和多砾石的地形，通常叫冰川沉积平原。冰碛内和冰碛间的沉淀物所组成的较小的区域，是由临时的湖造成的。由冰砾土组成的冰碛的排水系统变化多样，常常包含湖泊和沼泽。湖底有可能是由排水不好的黏土沉积而成，而含沙石的和多砾石的冰川沉积地区通常是排水良好的生物栖息地。

除了在冰层之上的被称为冰原岛峰的高地上的生物，大陆冰原毁掉了当地的所有生物，因为在数千年的时间里冰川的靠近使邻近地区的气候变冷，迫使北极植物和动物向南迁移。在一万年前，最后的大陆冰川在北极融化掉了，但留下的地质时间不足以让植物再次在一些地区扎根生存。

高山冰川   大陆冰川与高山冰川的主要差异是：高山冰川只限于山谷，不会覆盖整个地表。雪和冰在险峻河谷的上游堆积，形成 V 形地貌。当冰沿坡向下移动时，它会侵蚀山谷的两侧与谷底，使山谷两侧更加陡峭，有时甚至呈垂直形状，最后形成U形轮廓。随着冰川扩大并侵蚀山谷的更多部分，山谷与山谷之间最初圆形的高地因冰川作用而被削掉，变成险峻、坚硬的锯齿状的隆起，叫作刃岭。用以描述各种不同的高山冰川地形的词汇相当丰富。在冰川开始的地方，即山谷上游的圆形洼地叫盆地谷，它可能形成一个小湖，叫冰斗湖。冰碛沿着谷壁形成，并且最大限度地随冰向外移动，尽管来自冰川融化的水通常会破坏并且重新分散山谷中心的碎石。圆形的深谷谷底的部分地区，有的会被冰水沉积物填满，变得十分平坦。高地和险峻的山脊通常干燥多风，而谷底可能成为湿润的生物栖息地，比如草地和沼泽。

随着大陆冰川向北退去，北极植物也一起退去，进入高山。它们在温暖的间冰期期间，在海拔更高，气候更冷的地方，找到了避难所。在高山冰川的地形上，不同山脉的隔离和不同的栖息地为物种进化和形成提供了机会。

雪对植物的双重作用

在高纬度和高海拔的地方，一年之中的任何时候都有可能下雪，甚至在热带高山生态环境中也如此。在任何一个夏季雪都有可能不能完全融化，生长在多雪地方的植物在整个夏季就有可能被雪覆盖。然而，覆盖的雪对植物通常起到保护作用。雪下面的植物会更少地暴露于极端温度、干燥冬季和刮大风的环境中。一个研究表明，在北极冻原，即使冬季气温下降到-27℉（约-33℃），一层14英寸（约36厘米）厚的雪也能使土壤表层温度接近冰点。在西伯利亚，即使气温低于-40℉（约-40℃），不足8英寸（约20厘米）厚的雪也能使土壤结冰的日期推迟两个月。雪

起隔热作用的雪

雪洞和厚厚的布垫有什么共同之处？为什么布垫能让你把烫手的锅从炉子上端下来？这不是因为垫子厚，而是因为垫子里面有空气。空气是热的不良导体，布垫里的气隙使锅的热量不能传导到你手上。水是热的良好导体，因此如果布垫是湿的，热量将会在几秒钟内传导到你的手上，你的手就会感到烫。

新下的雪因为有许多气隙，它的隔热能力是压实的积雪的10倍。积雪气隙较少，会传导来自大地的更多的热量，因而对植物的

保护作用就小。冰壳只有较少的气隙存在，更容易传导来自土壤的热量，所以它也会降低热保护的能力。湿润的雪花是较好的热导体，它的隔热性能差。雪洞将会使你保持温暖，而不会将你身体的热量传导到外面的空气中。

越深，冻土层越浅。如果雪少或没有雪，土壤就会冻得深，植物的根就会受到自然与生理的限制。最寒冷的气温通常出现在暴风雪过后的晴朗的夜晚。薄薄的一层雪也有助于保护植物。然而，在春天雪融化期间，热量被用来融化雪而不是温暖土壤，雪堤将对附近土壤温度产生负面影响。积雪融化迟缓会缩短植物的生长季。

植物对微气候的影响

植物本身也会影响和改变它们自己的微气候。寒冷的北极和高山气候对植物而言，并非总是像官方的测量温度所显示的那样寒冷。植物的高度和植物的冠状结构会影响空气流动和热交换，还能改变植物所处的环境。植物的不同部位常常有不同的温度。对同一棵植物而言，地表叶子温度可能达85℉（约30℃），而它的根却在结冰的土壤中。比较靠近地表的矮生植物积蓄的热量通常比高的植物多。南极洲金发藓生长地附近的地表温度比周围空气的温度高45℉（约25℃）。垫状植物、匍匐矮生灌木和草本的莲座丛的叶片温度与气温差距最大。在阳光充足的白天，叶表温度与气温相比差距更为明显，而在多云的情况下，差距小到几乎难以察觉。每当阳光充足时，植物就会积蓄热量。垫状植物的蓄热效率特别高，它们光滑、封闭的冠层会阻止热辐射损失。有一些植物利用空心茎来保存热量，这种热量比外面气温高36℉（约20℃）。精细的植物毛须或纤维也能保存热量，并为植物遮挡强太阳辐射。莲座丛和垫状植物都有含热和降风的能力。然而，地表冠层的较为温暖的条件会使气象记录中测量天气的数据是在背阴的地方，距离地面为5英尺（约1.5米）的条件下测出的。温度计在吸收了直射的太阳光辐射的情况下，不能准确地测量气温。因为地表在白天吸收太阳辐射的热量，而在夜晚则散失热量，所以地面温度比实际温度变化更极端。测量的一致性减少了地表所产生的影响，从而可以容易地比较在全球不同位置所测出的数据。

大地和空气间大起大落的温度梯度产生，促使水分通过更多的蒸发和蒸腾而丧失掉。矮生植物根的温度会更高些。然而，深扎的根和根状茎比植物的芽温度低。

丛生草、高灌木和高山矮曲林所经历的温度与那些在气象台所设标准高度情况下测量的温度相似，它们不会经历每天的极端温度变化。丛生草中长得矮的枯草起着隔热和防风林的作用，使内部生长的嫩芽处于温暖状态。对东非羊茅草丛的测量表明，靠近草丛外面的叶子温度在白天变化幅度大，而草丛基部的温度变化幅度小。生长在热带高山生境中的巨型莲座丛的温度高于气温，因为它们的大叶子可以吸收热量。它们通常生长在无风的地方，因此热量不容易散失。

深色叶子拥有混着绿色的红色色素，会吸收更多的太阳辐射。在大雪覆盖的时候，这类叶子在吸收热量方面有明显的优势。植物的厚厚的蜡质层叶能够更好地抗风和抵挡风吹干冰晶。枯叶和枝条能起防风林的作用。特别是苔藓和地衣能够通过叶片吸收水分。在土壤干燥或者土壤中的水结冰的条件下，这对它们的生存显然是个优势。

土壤状况

因为大部分北极冻原和高山冻原在一万年前才摆脱了冰的制约，几乎没有足够的时间使土壤得以培育，所以一般来说土壤大体上几乎不可能形成新生土或始成土。本来亲本物质如岩石和沉积物经过化学变化可以释放营养物质，但寒冷气候抑制了化学变化。土壤中的植物稀疏矮小，所产生有机物也有限。土壤的发育时常受泥流或其他和永冻土相关的过程的干扰。在潮湿的细质土壤上针冰很常见。地表土一夜之间冻结，所产生的小冰柱基座会使土壤中的土粒和小石头上升，离开地表1英寸（约2.5厘米）。

然而，实际位置、亲本物质和排水确实能引起冻原土壤的变化。由在更新世期间被刮擦裸露的岩石构成的北极地区所发生的情况就是这样，这里几乎没有土壤发育。在最寒冷和最干燥的两极荒漠中，碎石构成的地表十分常见。相比而言，位于永冻土层之上的沉淀物多是被水浸泡的烂泥。高山地区也有极端的情况出现，裸露的岩石山脊上几乎没有或者完全没有土壤，而沉淀物在巨石之间越积越多，形成小块的发育不完全的土壤。位于谷底的远古湖床经常有发育原始的土壤层，湖床上有供养着茂密草地的多年沉积物。排水不好的地区可以形成含有有机质土的沼泽。

虽然人们对北极和高山植物的养分需求了解得不是很多，但是氮和磷对它们的生长具有巨大的制约作用。鸟和动物的粪便使土壤中富含氮，这会促进植物的成长。在动物洞穴周围以及有鸟巢的地方，物种会有所增加。在北极旅鼠数量骤增之后，幸存下来的植物生长得更繁茂。在林线以上几乎没有固氮植物生存，动物为土壤施加氮肥就变得至关重要。寒冷的温度限制了土壤中或植物根部小结节中的固氮细菌的活动。

永冻土在北极地区分布广泛，并有可能继续保持下去。在这种情况下，下层土会永久冻结，表层土只有在夏季才会融化。高山区域存在的一些不完整的永冻土区可能是冰川作用的遗留物。在植物生长上限的高山地区，永冻土也可能是连续的。永久冻土层不仅让植物的根无法深扎，而且锁住了冻结在土中的营养。

大量地上冰的融化会扰乱地表，引起地面坍陷、植被塌陷或土壤流失。破坏植被、修建公路、使用汽车，或者任何改变地表热量的活动都可能导致底层冰的融化。

北极和高山植物及动物区系的起源

虽然在北极和高山植物区系中存在地域差异，但是它们也有共同的特征。全世界最重要的北极–高山植物家族有向日葵、早熟禾属植物、芥菜、石竹花、莎草、玫瑰和毛茛属植物。同样受到重视的分布广泛的植物家族有龙胆属植物、胡萝卜、薄荷、樱草花、风铃草和蓼科植物。灌木科植物主要有石楠和向日葵。其他科植物在南半球的部分地区具有典型代表。

高山植物区系由多种植物混杂在一起，包括分布广泛的植物、毗连区域迁徙而来的植物和进化的植物。据估计，在更新世之前，环极地植物区系大约有1500种维管（束）植物。大冰原的南移，导致北极的植物物种向南移动。随着冰川的消退，高山上存活下来的植物又向北回迁到北极。这种向北和向南的迁移历史上发生了好几次，使北极植物和高山植物逐渐混杂起来。当气候变暖，适应寒冷气候的植物种类沿着海拔高度向山上退却时，不同的高山冻原植被彼此分开了，致使不同地方的植物以不同的形式进化。冰川作用也使生长于海拔更高的植物避难所或冰原岛峰的植物区系隔离，当冰川消退时，它们重新向外扩张。冰河季之后，可以使凉爽气候保持有限的一段时间的低海拔通道，也使植物不断扩充地盘。例如，本来生长于中亚的高山火绒草，向西扩展生长范围，直到阿尔卑斯山。在阿尔卑斯山上仍能找到女人蓟的残余物，但是现在它只在西伯利亚分布广泛。亚洲山脉多为东西走向，植物区系比北美洲更零散，地域性差异更大。美洲的山脉是南北走向，它的植物区系更相似，连绵的山脉为植物提供了连续的迁移路线。没有冰的地区，如北美洲阿拉斯加的北坡、中部和西部，加拿大群岛的西部和中部，起到了植物避难所的作用。然而，更新世的冰河作用和气候变化让极地附近的植物区系减少到约1000种。

适应环境变化与极端状况的能力需要通过进化来培养。许多北极-高山植物是从低地物种进化而来的。多倍染色体（染色体的数目比正常的多）的出现机会随纬度增加而增加。在低纬度北极地区，60%的维管（束）植物是多倍染色体的，而在高纬度北极地区可达70%。多倍染色体将衍生更多的遗传变种，使植物能抵御越来越苛刻的条件。一些高山植物是生态型植物，即植物为适应环境而发生遗传变化，与处于低地的物种相比，它们更能适应恶劣的条件。生态型植物只代表了进化过程的早期阶段，它们尚未进化成不同的物种。荒漠植物和北极-高山植物可能有共同的祖先。两类植物都有耐受脱水的一些生理机能，无论脱水是因干旱引起的，还是因为冻结温度引起的。也有许多当地特有的植物种类。

植物适应性

北极和高山植物在条件艰苦的环境中生长，那里空气和土壤的温度很低，可供营养不足，大气和土壤湿度有着极端变化，生长季短暂，所有这一切都限制了植物的生长和繁育。一些植物在冰冷的几乎不含氧的饱含水的土壤中生长，而另一些植物在不断发生变化（雪融化带来湿润，仲夏时则十分干燥）的栖息地上生长。北极植物和高山植物具有极强的适应能力，由于当地条件的差异，导致一些植物的适应能力可能优于另一些。因永冻土的存在，北极土壤和空气的温度通常低于高山栖息地的温度。高山土壤通常因有山坡、永冻土层浅等原因而排水良好。因此，高山土壤常会遭受干旱的压力。然而，在两极的荒漠（极端寒冷冻原），干旱压力更大，因为那里很干燥。北极和高山地区是多风环境，尤其在无遮挡的山脊上，植被通常以低矮的植物，如垫状植物和莲座丛为主。光的变化规律多种多样，致使一些植物，如高山酢浆草属植物和有穗状花序的三毛草属草，以不同的生态形态去适应北极连续的夏季光

染色体数目

正常情况下细胞是二倍体；它们有两组染色体，每一组都来自雄性和雌性的母体。然而，一些生物体有多倍染色体。它们有多组（3、4、5组，甚至6组）染色体。三倍染色体意味着有三组，四倍体意味着有四组，以此类推。多倍染色体在植物中很常见，可以由自然途径产生，也可以在实验室用人工方法产生。植物有更多的染色体，就有可能产生更多的植物种类，它们就会有更强的适合能力。

照或中纬度地区高山情况下的15～18小时的日照。在较高的海拔地区稀薄空气中的二氧化碳较少，一些高山植物会高效地利用二氧化碳，进行更充分的光合作用。

生长形态

地上芽植物，长出的芽刚好高出土壤表层的植物，是北极-高山生物群中最常见的生长形态。地面芽植物，长出的芽与地面齐平的植物，也很常见，但是它们在高山冻原的地位不如在北极环境中高。高山冻原

植物生长的上限

在珠穆朗玛峰北坡海拔21000英尺（约6400米）的岩屑堆里可以见到世界上生长位置最高的维管（束）植物——鼠鞠凤毛菊。它是向日葵科的草本多年生莲座丛垫状植物，长有浓密的白毛，广泛分布在喜马拉雅山和其他山脉上。在海拔高的地方有生存记录的植物是生长于海拔20413英尺（约6222米）的蚤缀属植物（苔状蚤缀垫状植物）和海拔20132英尺（约6136米）的繁缕花（石竹科），它们都生长在喜马拉雅山上。地衣和苔藓能忍受完全干燥的环境，它们与维管（束）植物相比，可以在更高的海拔地区生长。人们在乞力马扎罗山（海拔

19350英尺，约5900米）、安第斯山脉（22000英尺，约6700米），以及喜马拉雅山（24250英尺，约7400米）见到它们。在欧洲的阿尔卑斯山有50多种地衣在海拔13100英尺（约4000米）以上的地方生长。

的两大最常见的生长形态是低矮或匍匐的木质灌木和多种多年生草本植物。罕见的或区域性的生长形态包括生长在热带高山上的巨型莲座丛，中纬度高山上的有明显季节性的地下芽植物，茎叶肥厚的肉质植物以及一年生或两年生的植物。在海拔越高的地方，它们越罕见。虽然大部分北极植物利用C_3（生物化学）方法进行光合作用，但这些植物与它们在温带所对应的植物相比，能在更低的温度下进行光合作用。肉质植物，包括亚极地植物，能用景天科酸代谢（CAM）的方法进行光合作用，在所有纬度地区干燥的、适宜的地方都能生长。能够忍耐脱水的不开花的苔藓类植物和地衣很常见，它们时常扩展到更高海拔的地方生长。因为高山冻原被定义为林线以上的区域，所以那里很少或者没有高位芽植物生长（例如芽长在离地很高的位置的树）。一些生长形态的特征还可能

隐花植物和显花植物

隐花植物，意思是种子隐藏见不到的植物，指各种不同的藻类、真菌、苔藓、地衣、蕨类植物和其他较矮的植物或少花的类植物有机体，用肉眼看不到它们的孢子进行繁育。蓝绿菌、绿藻类植物、粘菌类、真菌、地衣、霉菌和酵母菌都属于原植体植物范畴。地钱和苔藓是苔藓类植物，它们是结构简单而不结种子的绿色植物。许多隐花植物极小，特别是藻类，要用放大镜或显微镜才能观察到。其他隐花植物中的大多数很小，有0.8～2英寸（约2～5厘米）高，或不到4英寸（约10厘米）长。它们是否能长成平坦的垫状植物、海绵般地毯状植物、丛生植物，还是草皮，这均由湿度和光照决

定。大多数隐花植物是非维管（束）植物。虽然石松、木贼和蕨类植物因为不结种子而被归为隐花植物，但它们是被称为蕨类植物的维管（束）植物。隐花植物是北极-高山植物区系的重要成员。

与之相反，显花植物是指长有可见种子的植物，像开花的被子植物和裸子植物。维管（束）植物，如显花植物，有分化的组织，可以把水和营养从根部输送到叶子。

与营养不足和低温有关。

匍匐灌木能很好地适应北极-高山环境的生长条件。极地柳就生长在北纬83°以北的地区，这里几乎是植物生长的极限，这一事实表明，极地柳树能顽强对抗寒冷条件。小型灌木生长形态的一个主要优势，是它不需要每年都长新组织。这种植物擅长"持久战"，能挺过不好的年景，条件一旦改善，它们便重新开始生长和繁育。常青灌木的这个优势更明显。在冬季，雪会盖在贴地或匍匐植物上，对它们加以保护。在夏季，它们吸收地上更多的热量。

地衣

地衣是一种有机体，它由呈现几种不同形式的真菌和藻类共生结合而成。壳状地衣像外壳一样，紧贴着岩石或地表生长。叶状地衣像叶子，枝状地衣像灌木。除绿色之外，它们还有许多其他颜色，如黄色、橘色或褐色。

植物有常青的或落叶的。一些植物，像北极轮生叶石楠或者苔藓植物，在生长季结束的时候，叶绿素就会从叶片中褪去，叶子和梗在冬季呈现出红色。其他的植物依然保持绿色。常青植物不需要每年都长新叶去更替老叶，所以它们需要的营养较少；它们生长在酸性的低营养的土壤里。落叶的柳树和桦树生长较快，它们需要较优良的土壤。灌木，特别是新西兰生长的灌木，在冬季，把碳水化合物和营养运送到其木质结构中，在春天的时候，再把它们返给正在生长的芽。在地面之上雪之下的植物叶子，在雪完全融化之前就开始了光合作用，因为太阳辐射可以穿透20英寸（约50厘米）的积雪。

最典型的冻原生长形态是多年生草本植物，它们依赖自己长长的根和地下茎成活。四种主要植物类型——禾草状植物、垫状非禾本草本植物、铺地状非禾本草本植物和叶状非禾本草本植物——连同一些小的蕨类植物和鳞茎植物一起成为北极和高山冻原地区的主要植物（见图1.2和1.3）。大部分植物有较深的根系，它们可以储存碳水化合物，并吸取较深土壤中的水分。地表根能从升温最快的土壤层吸收热量，而大的主根则储存能量和营养。在冻胀和针冰的情况下，粗的主根能稳定植物，同时也会因结冰而断裂。

禾草状植物有草和莎草，通常以<u>丛</u>或草丛的形式成长。草有空心的圆

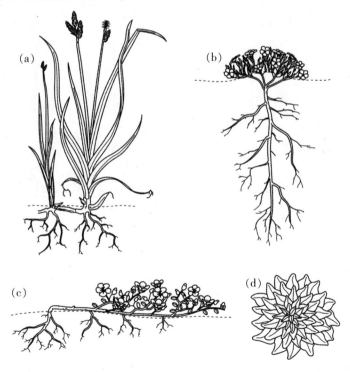

图1.2　北极和高山冻原四种主要生长形态：(a) 禾草状植物；(b) 垫状植物；(c) 铺地植物；(d) 叶状非禾本草本植物　（杰夫·迪克逊提供）

图1.3　北极和高山冻原四种主要生长形态包括（按顺时针方向从左上角开始）莎草、苔藓剪秋罗属植物、高山蚤缀属植物和根系庞大的春美草属植物　（作者提供）

圆的茎，而莎草在外形上通常是三角形的，触摸起来与草有明显的不同。

　　生长缓慢的流线型垫状植物，如北极附近的苔藓剪秋罗属植物，是无遮蔽多风地区常见的植物。它们的许多短枝紧紧地交织在一起，并不像它们的名字——垫子植物所表达的那样软，而是展现出坚硬的圆形外观。风和冰会对植物进行侵蚀，任何突出在总层面之外的嫩枝很快就会被切掉。小枝生长紧凑，常常使位于垫状植物顶部的叶面暴露在外，但在植物冠层之下的地方却很温暖，由于受到保护，风也吹不到。垫状植物通过积累其冠下的植物残骸和营养物改变着微生态环境。苔藓剪秋罗属植物不断地长出新枝增大体积，但是它的生长速度却缓慢。经过5年，直径才有0.5英寸（约1.3厘米），经过 25 年才能长到7英寸（约17.8厘米）。这种植物在生长的最初阶段，能量直供主根系，生长缓慢。一株直径只有10英寸（约25.4厘米）的植物，其主根有4~5英尺（约1.2~1.5米）长，主根长有利于固定植物和汲取地下水。南美洲和新西兰的垫状植物与之相比则要大得多。

铺地植物，如矮生苜蓿和高山蚤缀属植物，它们的枝在地上扎根，伏地生长，最后杂乱交错。它们与地齐平的枝和短的直立的茎不像垫状植物的枝那样紧紧地叠在一起，它们也不需要长长的主根。伏地的枝可以紧贴着地面生根，所以这种植物长得更大些。垫状植物和铺地植物的木质嫩枝结构短，常常被称为小灌木。

像冻原蒲公英这样的莲座丛植物是叶状非禾本草本植物的主要种类。在最温暖的微生态环境中，它们平长在地面上，有时比垫状植物或铺地植物更贴近地面。其叶子在非常短的茎上交错重叠形成圆形，使叶子尽可能多地接受光的照耀。较小的莲座丛植物是从母体上分出来的。一些植物，特别是莲座丛植物，像雪球虎耳草属植物，根系大的春美草属植物和黄景天属植物，长着肉质叶或粗的主根。根系大的春美草属植物的主根能长到6英尺（约1.8米）或更长，而景天属植物的肉质叶会形成弹子大小的圆球。蜡质叶表有助于它们保持水分。

植物茸毛有许多不同的形态。植物的茸毛提供了保护作用，使植物免遭强烈的辐射和干燥强风的影响，还能帮助它们吸收或者保存热量（见图1.4）。苈、飞蓬和北极罂粟等植物身上的深色茸毛对光的反射弱，能更多地吸收太阳辐射。与之相反，颜色浅的丝一般的毛茸茸或透明的茸毛，比如银莲花、一些马先蒿属植物、羊胡子草和一些柳絮上的茸毛，能使太阳辐射轻易穿过，被颜色较深的植物表面吸收，使辐射的长

图 1.4 像银莲花一样，许多北极和高山植物所长的茸毛可以使它们免受过度日晒，并使它们保留热量（作者提供）

波能量无法逃脱，被保存在植物茸毛的小温室里。北极羊胡子草丛的毛茸茸的顶部保留的热量，使土壤的结冰时间推迟。周围冻结的土壤会将羊胡子草堆向上推，较高的位置使它在春天可以获得更多的阳光。它比周围位置低的植物先从雪中露出，从而使它的生长季增加4～10天。茸毛多的植物能保存更多的能量，花开得也最早。

应对气候压力

极端温度会制约北极-高山植物的生长。在植物变强壮之前，它们更易受到低温影响。在冬季，植物的生理机能常常通过冬眠而改变，使它们更耐受寒冷。光周期（白昼的小时数）的缩短加上夏末温度的逐渐降低都会使植物变得强壮。土壤干燥是使高山植物更为强壮的另一个因素。从春季到秋季，在热带的每个夜晚，植物组织都会受到冰冻的影响。植物的地上组织，特别是新生的部分会因此冻死，但整株植物不会完全死亡。如果植物没有开始新的生长，或者植物仍然在雪下受到保护，将不会受到影响。

高山植物的耐受限度因地理位置和植物身体的部位不同而不同。植物的茎和根通常更能忍受低温。低矮的植物（垫状植物、矮生灌木、莲座丛和莎草）的耐受限度相近，这跟它们的所属科属无关。温带中纬度高山植物，比如阿尔卑斯山的植物能耐受14℉~25℉（约-10℃~-4℃）的温度而不会受到伤害。早开花的植物易受初夏低温的影响，但更耐寒。安第斯山脉、非洲和夏威夷的热带高山植物能忍耐更低的温度，如-2℉~16℉（约-19℃~-9℃）。中纬度地区生长季较稳定的温度使这一地区的植物耐受力更强。热带的低温难以预料，导致了植物的耐受能力降低。

植物有多种方法应对低温。第一种是避免暴露。在有季节变化的非热带高山上，物候现象（生长活动如开花和结籽的日期）很重要。在冬季，虽然温暖期和太阳光强辐射时而出现，但植物仍处于休眠状态。因此，它们不能被极端寒冷所伤害。在春季，天气越来越温暖，日照时间越来越长，植物开始活跃。在夏季，植物对寒冷最敏感。夏末光周期的缩短预示着植物需要在秋季到来之前必须结束其生长周期。当叶子凋零，最终回归大地时，叶片里的营养物会被根或者茎吸收，增强植物对寒冷的耐受能力。植物也可以依靠形态来避免寒冷，植物的大小和再生芽的位置很有讲究。高的植物会暴露于积雪之上，而矮的植物受气温的影响较小。大多数冻原植物的再生芽长在地平面上或是离地很近。在北极和高山环境中有大量的禾草状植物和多年生非禾本草本植物，它们的再生芽长在地平面下，退缩回土壤里，变成根。垫状植物在低矮的冠层下储存热量。热带的莲座丛植物叶子盘绕在中心的生长点之上，枯叶为它们的茎隔热。莲座丛体内的液体会让植物保持温暖。微生态环境优势（无遮盖与有保护相对，雪埋与裸露相对）是避免暴露的简单方法。

许多植物都有能力避免冻害。即使在温度低的时候，植物也会通过在植物组织中积累糖分，来适应冰点。在这一生理过程中，叶子和茎变冷，低于冰点温度，但是植物组织却不会结冰，更不会受到损害。在一些地区气温降到10.5℉（约-12℃）很常见，例如在南美洲的高山稀疏草地，巨型莲座丛菊科植物和一些灌木就使用这一方法。然而，如果温度低于过冷的极限，植物的组织则会快速冻结，受到损伤。在非洲热带高山地区的巨型莲座丛植物则经历甚至更低的温度，但不会过冷；在安第斯山海拔更高些地区生长的植物都不会受到冻害侵袭。

有一些植物能够适应结冰状态。所有植物身体内的25%～30%是细胞间的空隙。在空隙中的水结冻过程中，热量会向细胞释放，并从细胞中汲取水分。细胞间的水或冰使植物叶子的颜色变暗。当冰融化时，细胞在1～4小时内可以重新获取水分，然后植物又恢复了正常的绿色。一些植物在春季开始生长，然后停下来等待冰点以下的温度上升到不会对它们再造成损害的温度，即植物生长条件改善了，再重新开始生长。

植物通过在夏末预先形成花蕾以适应短暂生长季的寒冷温度。花蕾和花的生长周期通常超过一个季节。一些伏地柳物种的柔荑花序需要四个生长季才能长成。与之相比，在适宜的环境中，灌木物种的花蕾只需两个生长季，而低地植物物种的花蕾一个生长季就可以长成。花蕾在整个冬季受到植物和积雪的保护，在下一个生长季到来时，很快就会继续生长并开花。在春季一些植物两个星期内就会开花。太阳辐射能穿透20英寸（约50厘米）厚的雪，这对毛茛属植物很重要，它们在雪融化之前就已经开始生长。在新西兰高山冻原，植物预先形成花蕾的情况尤为常见。在春季，植物在营养供给有保障和阳光适宜的情况下，它们预先形成的花和叶开始生长。植物的根、地下茎、球根和球茎都会储存能量和营养。植物根与嫩芽的比例随纬度和海拔增加而增加。当植物地上的部分变小时，根部器官则变大，以

耐热性

因为地表温度会出现极端的情况，所以一些高山植物对高温的耐受力相似于在热带沙漠中生长的植物。在阿尔卑斯山中部，叶表的致死温度（能让植物死亡的温度）是112℉（约44℃），与位于撒哈拉沙漠中的毛里塔尼亚的平均温度一样。在兴都库什山，致死温度的极限是102℉（约39℃），在挪威中部是106℉（约41℃）。

利于储存更多的能量。小灌木的落叶起着同样的作用，它们使营养物再循环。但是，即使匍匐灌木，在最恶劣的气候情况下也不能生长。

北极-高山植物有罕见的为适应环境而做出调整的能力，它们能修补或者替换被严寒损害或冻死的植物组织。如果生长季太短，植物因霜冻而失去预先形成的叶芽或花蕾后，将不能得到重生。在夏季，被冻结的花或果实也不能够被替换。然而，粗壮的根储存大量营养物质，在某种程度上，能取代被冻结的或被吃掉的叶子的作用。禾草状植物和莲座丛植物，如果受伤害不大，它们能激活埋在地下的植物生长点。

高山植物也受制于温度应力。在太阳辐射高峰期，植物的吸热结构会带来不利影响，它会导致地面和植物的温度上升。在地表温度高的地方，种苗的成长很难达到最佳状态，这也是无性繁殖特别常见的原因之一。高山地区常有大片的裸露土地，种苗常在受到干扰的地方，如动物洞穴入口和车辙里见到。任何破坏植被的活动都会使地表毫无遮掩地受到积累的地表热量的影响。这样的裸露点在植被重新生长之前，因受到侵蚀而遭到永久破坏。

高山生态环境中地表的土壤十分干燥。但较深层的土壤中经常含有水分，植物无须适应与植物组织脱水相关的条件。有能力承受干旱压力的植物通常生长在暴露的位置或很浅的土壤里。在高纬度北极地区裸露的、排水良好的土壤里，经常给一些草、莲座丛物种和垫状植物造成干旱压力。

为了得到更多的来自太阳辐射的能量，一些植物会使叶子竖直生长，以最有效的角度去迎接低垂的太阳。垂直定向能使光反射到别的叶子上，并被接收。一些花长成了抛物线形状，这对授粉和种子的生长都有好处。水杨梅属植物、罂粟属植物和毛茛属植物长着白色或黄色的花，这两种花的高反射率可以使能量向花中心聚集。一些头状花序保持着朝向太阳的方向生长，就像低地向日葵一样。许多非常青的高山植物如委陵菜和席草在冬季仍保留着一些绿色。矮生灌木的嫩树皮，特别是蓝莓的绿茎，也能进行光合作用。苔藓和地衣在冬季仍然进行光合作用，所有的高山植物在气温接近冰点时都有能力进行光合作用。虽然许多太阳辐射光被地上的积雪反射掉，但在雪层薄的地方，一些高山植物照常进行光合作用。

地衣和一些苔藓能经受住更寒冷、更短暂的生长季，但是它们需要水。地衣因低矮身材的生命形态而拥有优势，它们在白天温暖的地表或岩石附近生长，那里较热的温度能使雪融化，成为它们所需要的水分。对它们来说，最适宜光合作用的温度大约是41℉（约5℃），地表很容易就能达到这一温度。夜晚或冬季的低温不会伤及地衣，在结冰的时候它们能保持休眠状态，战胜不利条件。黄绿地图衣在阿尔卑斯山上能存活1300年，在格陵兰西部能存活4500年。地衣能超越维管（束）植物所受的限制，但它们的生长仍会因低温和缺水而受到限制。

植物繁殖

90%的北极-高山植物是多年生的，包括草、莎草、开花植物、苔藓、地衣和匍匐灌木。基于植物叶子和根状茎的生长速度而得出的年龄估算表明，许多北极物种寿命很长，无论是有性繁殖还是无性繁殖，它们都可以葆有繁殖生命力。桦树和柳树的主干可以存活200~400年，只有1英尺（约0.3米）高的矮桦树也许已经存活了数百年之久。北方地杨梅的寿命为90~130年、水杨梅为80~120年、羊胡子草为120~190年。

植物最常见的繁殖方式是无性繁殖，即无须通过种子繁殖，但大多数的北极-高山植物则两种繁殖方法都使用。大多数植物是昆虫授粉，但是风和鸟有时也起授粉的作用。长花筒植物长着五彩缤纷的花，可以引来大黄蜂，它们通常依靠大黄蜂授粉。在新西兰高山冻原，没有大黄蜂，也没有中纬度和北极的争奇斗艳、五彩缤纷的花，只有朴素的白色或黄色的小花，主要靠小昆虫、蝇类和短舌的蜜蜂授粉。

两年生的植物，要长到两年才开花。由于生长季短，一年生植物少之又少。在格陵兰的佩里兰96种维管（束）植物中，只有1种是一年生植物，即冰岛马齿苋。在落基山脉的高山生态环境中，121种植物中只有3种是一年生植物。总的说来，一年生植物只占高山或者北极地区植物区系的1%～2%，并且植物具有矮小的特点。较干燥的高山地区一年生植物略多。在内华达山脉生长的108种植物中有6种是一年生植物。有些物种通常是一年生植物，如岩石樱草花，但它们在北极和高山也有多年生的生态形式。

北极的一年生植物的根与嫩枝的长度之比很小，因为一年生植物只生长一季，没有必要贮存能量。它们一直开花结果，直到寒冷或干旱的气候条件让它们死去。它们尽可能少地消耗水，当土壤干燥的时候，它们调节气孔，提高光合作用效率，促使种子成熟。一年生植物不是北极原有的植物。

在冰雪消融、土壤变暖、水分充足时，大多数植物开始萌芽。只有20%～40%的北极-高山物种的种子休眠时对寒冷、光照或种皮裂开尺寸有要求。

对多数植物的一个额外保护就是，每年不让所有的种子都发芽，这一生存技能可以确保在某个夏季灾难发生的时候，物种免遭毁灭性打击。植物种子的繁衍能力可以保持数年。北极羽叶豆属植物的种子在结冰的状态下被保存了1万年之久，在被解冻并受到水分滋润48小时后居然发芽了。毕格罗莎草和羊胡子草植物则大量地生长在阿拉斯加北部的裸露土壤里，它们的种子通常很小，被风或者动物传播，没有毛刺或肉质的果实。

无性繁殖是对有性繁殖的补充，没有一种植物依赖无性繁殖。在北美洲西部，大多数高山植物靠种子繁衍，但无性繁殖在北极地区更为常见，因为在那里植物很难结籽。高山酢浆草属植物兼有两种生态形式，在高山地区依靠种子繁衍，在北极地区则依靠地下茎。在海拔低的地方依靠有性繁殖的植物，在高山冻原有可能依赖无性繁殖。在生长季短的湿地，无性繁殖是常见的繁衍方式。在北极和高山生态环境中，具有无性繁殖方式的物种在植物区系中占50%～80%。但在高山冻原，无性繁殖就占不了那么高的比例了。

　　无性繁殖有几种形式。许多草丛型的草、莎草和灯芯草形成了浓密的簇丛。当新嫩芽在草丛边上生长时，位于中心老的部分就会死去。随着时间的推移，草丛变成了一个圆圈，或是一条蜿蜒的线。外部是活着的草，它们包围着中心已死去的草（见图1.5）。无性繁殖作为世界上最重要的方法，被苔属植物和薹草属的莎草、灯芯草、发草、羊茅、席草、莓系属的牧草和针茅草所使用。一些禾草状植物和非禾草状植物，利用它们脱离母体伸展到地下或地上的匍匐枝及根状茎繁衍后代。薄荷和百慕大草的侵略特征显示了植物通过地下茎繁殖的效率。

　　禾草状植物包括苔属植物莎草、地杨梅、翦股颖和羊茅。无性繁殖的非禾草状植物有樱草花、水杨梅属植物、雪莲、刘寄奴属植物、酸模属草类、风铃草和白烛葵。一些席状非禾草状植物，如蝶须属植物、菊

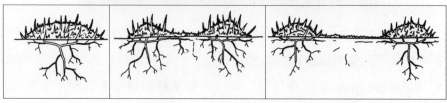

图1.5　草丛中心部分的草死亡，而边缘部分的草随着生长向外扩张。许多不同类型的草丛通过无性繁殖，会形成环状或蜿蜒的生长形状　（杰夫·迪克逊提供）

科植物和腊菊形成草本莲座丛簇。植物簇越长越大，又分裂为独立的植物。其他的如龙胆属的植物、车前草和婆婆纳属植物。

如果土壤湿润，生长杂乱、矮小，距离地面近的矮生灌木，会从其木质茎上长出不定根，代表植物包括臭荠草、水杨梅属植物、杜鹃花属植物和柳树。高一些的匍匐灌木木质茎也能以类似的方式，从埋藏在土壤中的芽里长出嫩芽，然后生出根。常见的植物有岩高兰、杜鹃花属植物、蓝莓、圣·约翰草、柳树和石楠。

种子在母体株上发芽的植物，在花序上会形成营养繁殖体。高山早熟禾属植物的亚种会长出胚芽，种子在母株上发芽的拳参会产生珠芽（像种子一样的嫩芽）而不是花。通常并不是无性繁殖的一些植物，像冰川毛茛属植物和高山酢浆草属植物，偶尔会从被埋在土里的花柄上长出根来。

许多地衣可以利用分裂再生。裂开的碎片随后扎根，复制它们的母体。当天气干燥的时候，鹿角地衣会缩成球状，在冻原地区随风翻滚时破裂。遇有水分滋润，就会展开而继续生长。

动物的生活

北极和高山生态环境生活着截然不同的动物群。除阿拉斯加北部、乌拉尔山北部和西伯利亚东北部的混有冻原的位于高纬度的山脉外，在这两个地区，哺乳动物和几乎所有的鸟类都不在这里生存。在北极，许多动物沿着北极线分布，因此在环北极地区都有它们生活足迹。然而，起源于毗连的低地而不是北极的高山动物，分布并不完整，因为高山地区就像海洋中的岛屿一样，不是适合生长的栖息地。对动物而言，在高山生态环境的隔离地区，比在北极冻原的宽阔区域生存下来更艰难。

北极和高山地区的动物可分为"永久居民"和为了繁殖而来的季节性的"客人"，或季节性的但不是为了繁殖而来的"客人"。它们分布的方式或是连续的，或是分离的，或是分散的。陆生的北极鸟类和哺乳动物的分布区域通常是连续的，尤其在某一特定的大陆区域，并且，每个物种只有一个特定的栖息地。例如，在北美洲和欧亚大陆上常见的拉普兰铁爪鹀，在大洋上却见不到。与之相反，海鸟和哺乳动物，如北极贼鸥、黑海鸽和环斑海豹在大洋和大陆上都有，而海豹仅限于沿海。动物分布的连续性存在于分离和分散这两个词之间，分离指相隔很远的分离开的区域，如加拿大和阿拉斯加的北美驯鹿和芬诺–斯堪的纳维亚半岛的驯鹿。分散指广泛的分散区域，像土拨鼠或者鼠兔，它们时常在中纬度的高山山顶出现。

中亚高原的高山地区动物种类最多。这里有最肥沃的冻原，有人认为这里是北极地区所见动物的发源地。在更新世时期，虽然北美洲的大部分和整个欧洲被冰所覆盖，但这种情况在西伯利亚的东北部却没有发生，因为那里气候太干燥而无法积蓄充足的雪。动物在寒冷但没有冰的地带健壮地成长。由于更新世时期海平面降低，白令海峡大陆架露出，一些适应了寒冷天气的动物迁徙到阿拉斯加，在那里开始了新生活，逐渐遍布整个北美洲。在长毛象和剑齿猫等动物灭绝的同时，北美洲也出现了一些新的物种，包括来自欧亚大陆的大角鹿、旅鼠、兔、麝牛、狐狸和北美驯鹿。

对寒冷的适应

形态或生理的适应　冻原上的动物为了生存，必须适应短暂的植物生长季和漫长的寒冷冬季，最显而易见的做法就是通过保持热损失和热产生的平衡来调整体温。大多数动物体表面积与身体体积之比较小，从而使热损失降到最小化。身体的附属器官也一样，如耳朵和四肢。例如，北极狐能适应$-58\,^\circ\mathrm{F}$（约$-50\,^\circ\mathrm{C}$）的温度。麝牛和棕熊在皮肤下面都有一层厚厚的脂肪，用来隔热并储存能量。哺乳动物多长有绒毛皮，这层厚厚的精细的下层绒毛用来隔热。动物热损失的量取决于动物的温暖身体与寒冷空气间的温度梯度。温暖的皮肤会向外散热并快速产生热量，而起到隔热作用的皮毛或羽毛则会减少温度的变化梯度，使动物保存更多的热量。动物的皮毛和羽毛，连同毛皮中的空气，是热的不良导体，因此如果没有风侵扰这层隔热层，动物就会保持温度。许多鸟类和哺乳动物会进行季节性的改变。哺乳动物，如麝牛，在冬季毛会长得更长更厚。鸟的羽毛在厚度方面没有变化，但在冬季，羽毛的结构会发生变化，将会保存更多的热量。鸟类利用肌肉收缩抖松羽毛，增加隔热体的厚度。

动物通过奔跑、挖掘或抖动等活动来调整它们进行新陈代谢时身体所产生的热量。然而，松鸡的羽毛隔热功能相当好，它们不需要抖动。在厚度相同的情况下，羽毛的隔热功能比毛皮好，因此哺乳动物个体必须长得更大些才能产生足够的新陈代谢活动来保暖。北极狐和北极兔是仅靠维持基本代谢就能生存的动物，它们的个体虽小，体重却是松鸡的10倍。一些鸟类在夜晚睡觉时通过降低体温使代谢缓慢，此时对能量的需求是正常需求的25%～50%。

许多动物的身体末端没有隔热层，毛也长得较薄。例如北极狐的鼻孔和脚垫、棕熊的脚掌和北极熊的脚掌、北美驯鹿和加拿大盘羊的蹄子，以及大多数鸟的爪。动物为了避免热量从这些地方散失，会进行生理性调整，控制流经这些地方的血流量和温度。通过血管收缩来限制血液的流量，从而让四肢变得温度低一些（见图1.6）。血从动脉血变为静脉血时也会发生热交换。流向身体末端的动脉血把热量传给回流到身体中心的静脉血。因此，热量就留在了身体里，变冷了的血被送往四肢。举例来说，鸥爪的温度接近冰点却不会受到伤害，因此降低了动物与冰面间的温度梯度，限制了热损失。

在较温暖的夏季或是进行新陈代谢活动，如运动增加时，动物需要排除额外的热量。通过血管扩张，内部的热交换过程会被绕开，多余的热能被带往四肢，并通过四肢散失。另一个主要的方法是通过喘息散

松鸡的伪装

　　季节性色彩变化有助于鸟类和其他动物进行伪装自保。松鸡以及鼬鼠(也称为貂)、北极狐和北极兔,在冬季它们的外表变为白色。有三种松鸡在三个季节进行羽毛变化,从冬季变到春季,再到秋季。羽毛不只变化颜色,热性能也有变化。褪去颜色的白色羽毛会留出更多储热的空间。松鸡腿上的长毛用来保暖,松鸡爪周围的羽毛起到了冬靴的作用。因为雌松鸡最先进入鸟巢中,在春天里她也是第一个换上斑点伪装羽毛的。

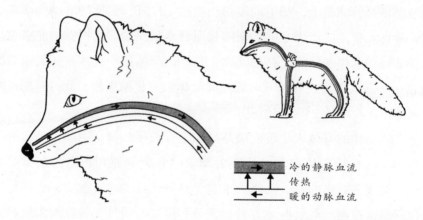

冷的静脉血流
传热
暖的动脉血流

图1.6　动脉与静脉之间的热交换系统有助于北极-高山生态环境中的动物维持体温　(杰夫·迪克逊提供)

热,如犬齿类动物和松鸡等,或通过动物汗液或者唾液的蒸发来降温。

　　行为适应　有些动物依靠减少活动来保暖。小动物既没有厚厚的毛皮,也没有足够的新陈代谢,它们尽量避免暴露在寒冷的环境中。动物在冬眠的状态里,体温会下降到冬眠所在地的温度,由于没有温度梯度,小动物几乎不会失去热量或能量。有几种土拨鼠和地松鼠在高山冻原冬眠,只有一种北极地松鼠在北极冬眠,它主要生活在西伯利亚东部和北美洲西部。有永久冻土的北极生态环境几乎不能为动物提供不结冰的庇护所，因此北极地松鼠的生长仅限于被雪覆盖的排水较好的沙土地。由于洞口的高度低于洞内的高度，它们身体所释放的热量就会被留在洞中。因为土壤排水良好，地洞和用来睡觉的窝很干燥，不需要浪费热量去融化或蒸发雪与冰。因此，不管外面情况如何，洞中温度都不会低于10℉（约-12℃）。熊虽然不是真正的冬眠动物，但当它们在穴中过冬时，也会减少新陈代谢。一些哺乳动物，如花栗鼠和仓鼠等都是冬眠动物，但是它们会定期醒来吃食物。而波氏白足鼠和鼠兔，整个冬季都处于活跃状态，不进行冬眠。

啮齿类动物，例如旅鼠通过在雪下面的地道中保持活跃的生活来避免冬季的寒冷，它们在地道中继续以植物的根、茎和芽为食，只要有食物就能帮助它们度过冬天。鼠兔、波氏白足鼠、林鼠、欧洲仓鼠和狭颅田鼠为过冬贮存大量食物，而不是身体内的脂肪。它们居住在地上或悬在地上隔热的窝中，有时也住在浅的洞中。在北美洲高山上鼠兔把成堆的草摊放在岩石上，晒好之后储藏起来。旅鼠不储存食物，在起着隔热作用的雪下面进行正常的觅食活动，温度不会低于冰点太多，它们的窝中堆满草和身上掉下的毛。

从分类学的角度讲，北极和高山上的动物或许没有联系，但是它们对寒冷的适应性却相似。中纬度寒冷（特指西伯利亚一带）的大草原上和沙漠中的动物对寒冷冬季有许多相同的适应能力，它们对高山条件的适应相对容易。

积雪的作用

积雪的深度同样影响动物的生存。许多小动物在冬天需要积雪为它们隔热，田鼠、旅鼠、波氏白足鼠和鼠兔会首选积雪深厚的地方作为它们的栖息地。没有雪的地方就不会有动物栖息。

大型动物的分布和活动也与积雪相关。北极的雪被风吹蚀后形成移动的雪堆或硬壳。虽然风会吹起雪使植被露出，但很多时候食草动物还是必须挖开雪寻找食物。如果雪壳太硬，驯鹿就会迁移到林边积雪柔软的地方。其他的食草动物，像中纬度高山中生长的山羊，以亚高山带的树和高山矮曲林的树枝为食，这些树枝在雪上面伸展。山羊或者用蹄子扒雪刨食，或者在被风吹过的没有雪的山脊上吃草。松鸡是冬季鸟类中少有的居民之一，可以在软的雪里挖洞，或者迁徙到较高的树上寻找食物或者庇护。大多数肉食禽类迁徙到雪薄的地方或者在雪下啮齿类动物的洞穴通气孔处捕食。肉食哺乳动物随着猎物迁徙，但是北极狐和伶鼬仍留在冻原上捕猎偶尔出现的啮齿类动物。

环境与繁殖

大多数哺乳动物不会在北极和高山生态环境中长途迁徙，它们只需到达森林的边缘，如北美驯鹿，短暂的植物生长季对它们的繁殖只起间接作用。它们的繁殖更多的是受食物源的数量和质量的制约。妊娠期长的大型动物每年只生产一次，生产期与饲料产量最多的季节相关。小型哺乳动物，如孕期短的啮齿类动物在短暂的夏季繁殖期，能多次繁殖。次数、数量与食物的质量有关，而质量又和生长季的长短相关。北极冻原上的褐色旅鼠是个例外，它们整个冬季都可以产仔。但并不是每年都发生，其原因尚未知晓。高山地区的山区野鼠在初春和夏季的雪下产仔，但在整个冬季产仔可能性极小。

北极地区广泛分布的永冻土和沼泽地，使栖息在这里的水鸟和滨鸟（野鸭、鹅、天鹅、珩科鸟和矶鹬）数量很多。而在中纬度或热带的高山生态环境中，却没有这样的栖息地。

在北极和高山生态环境中，许多前来繁衍后代的鸟为了充分利用短暂的夏季，在到达北极冻原或高山栖息地之前就已经选好了配偶。北极斑胸滨鹬的求偶期很短。在高山地带，岭雀属鸟和白尾松鸡到达后才选配偶，但水田云雀有可能已找好了配偶。在有较长夏季的气候条件下，一对鸟尝试筑巢的机会只有一次，但是它们一次孵化的卵通常比温带气候的鸟孵化的多。大部分北极和高山生态环境中的雀形目的鸟，由雌鸟孵卵，雄鸟和雌鸟共同喂养小鸟。其他的鸟，雄鸟或者雌鸟，或两者共同承担照顾鸟卵和小鸟的责任。在繁殖期结束后，大多数鸟要褪毛，以避免能量的双重支出。

无脊椎动物

昆虫对高山生态环境的适应与对北极和南极的适应相似。它们在形态与行为方面适应性变化像发生在植物身上一样，能有助于它们熬过寒冷的冬季，然后在短暂而凉爽的夏季生长繁殖。在北极和北部山区，昆虫用各种各样的方法艰难度过长达八九个月的漫长而寒冷的冬季。一些昆虫生活在不结冰的湖里或是与湖毗邻的地方，那里的气温在0℃左右，积雪使它们免受寒冷。昆虫在夏季的冻结温度是17.5℉（约-8℃），在秋季随着气温下降而调整，在隆冬时节可以降到-30℉（约-35℃）。在春季天气转暖时，这一过程会反过来。另一些昆虫能忍受严寒，能在机体中有冰的情况下活下来，存活温度在23℉～-30℉（约-5℃～-35℃），但这也取决于昆虫的品种。在冬季，当上层土壤结冰形成冰盖时，会造成缺氧状况，昆虫在无氧的情况下仍能存活几周。大多数昆虫都具有这样的能力。

身形较小，有助于昆虫更容易找到充足的食物和庇护所。蝴蝶中的豆粉蝶属种在亚热带地区是最大的，而在落基山脉、喜马拉雅山和北极，它们的体形是最小的。安第斯山脉的蝴蝶体形也很小，它们的翅膀比低地的蝴蝶还小。它们藏在高原的植物中，躲避低温和多风的恶劣环境。长着小翅膀或没有翅膀的昆虫的数量随着海拔升高而增加。大约60%的昆虫生长在喜马拉雅山海拔13200英尺（约4000米）以上的地方，与低地的昆虫相比，它们的翅膀更小，有几种昆虫完全不能飞行。在热带非洲的乞力马扎罗山上有相似形态的昆虫。小翅膀能减少被风吹跑的风险。在海拔较高的地方，深颜色昆虫能吸收更多的热量。在提高温度方面，棕红色比黑色更好，因为它能更有效地吸收红外辐射，同时，保护昆虫免遭过多紫外线辐射。高山蝴蝶的身体和翅膀的颜色通常比它们低地亲属的更深，因为它们需要吸收更多的热量。类似的温度调节模式在帕米尔山东部的高山绿头蝇和北美落基山脉的蚱蜢身上也有体现。

捕食性昆虫，如步行虫和一些对寒冷反应迟钝的蜘蛛，多在夜间活动。它们捕食因低温而行动迟缓的昆虫。在干燥的环境中，昆虫会躲在裂缝和植物里。然而，在安第斯山脉和落基山脉中的一些蚱蜢在抗旱和抗干燥方面与沙漠昆虫相比毫不逊色。由于夏季短暂，一些昆虫要用2～4年的时间才能完成它们的生命周期，这与植物需要好几个生长季才能长出花和芽的情况相似。与之相反，一些昆虫也许因为栖息地食物比较富饶，一年内就能完成它们的生命周期。一些种类的昆虫在生长成熟后冬季才来临，这保证了它们的生存。

在植物生长的极限之上，人们可以发现小动物，如蜘蛛，它们靠风吹落的残骸活着。如果细菌能得到被风吹起的有机物，它们也能活下来。

在北极和高山生态环境中很少有两栖动物和爬行动物。在北美洲，树蛙是北极边缘的唯一的两栖动物，而在中纬度高山上只能见到很少量的蟾蜍和灌丛刺鬣蜥。在欧洲的北极区域几乎没有这些物种，但是在古北区的高山生态环境中，这样的物种要多一些。

人类活动的影响

无论是在北极还是在高山地区，冻原植物都极易受到损害，植物生长十分缓慢，遭到毁坏后再恢复则需要漫长的时间。北极地区已受到石油和矿物勘探的威胁，开发扰乱了动物的迁移路线，石油和化学品的溢漏更是灾难性的。欧亚冻原因受人类所驯养的驯鹿的过度啃食而进一步退化。南极洲许多不结冰的陆地被用来建立研究站、飞机场。垃圾、踩

踏和噪声侵蚀了原始自然环境。高山区域在一些国家经受着过度的放
牧，人们为了开拓出更多的牧场，经常放火焚烧高山带边缘的木质灌
木。在一些地区，人们很难确定哪些是天然植被。越来越受欢迎的生态
旅游对北极和高山生态系统的保护或许是有益的，但是人们需要精心经
营，才能保证越来越多的游客能欣赏到美丽的自然风光。

第二章
北极和南极冻原

冻原是指几种由矮小的不同生长形态组成的植被，包括高灌木（6~16英尺，约2~5米）、矮生灌木石楠属植物（2~8英寸，约5~20厘米）、禾草状植物和隐花植物（4~20英寸，约10~50厘米）。维管（束）植物、地衣和苔藓，覆盖了超过80%的地表。"极地荒漠"这个术语（或"半荒漠"）常被用来描述非常贫瘠的冻原。冻原植被包括矮生灌木、莎草、多年生非禾本草本植物、苔藓和地衣。冻原生态环境位于气候条件恶劣，不利于树木生长的地方。

极地比较

就气候和环境条件而言，人们认为北极与南极的极地地区是相似的，但实际上它们之间存在着很大差异。北极是一个海洋，几乎被大陆包围，而南极是冰封的大陆，冰冷的海水将南极大陆与其他大陆分开，海水在冬季被冰覆盖。北极的海冰在夏季会减少一半，而南极仅减少七分之一。北半球的冻原总体上位于北纬60°。北极冰帽在夏季会融化，气候会变暖，高纬度植物随之生长；而南极洲的冰帽会降低夏季的温度，在更低纬度形成冻原，如南纬50°的一些地方。在夏季，北极周围的地表温度会上升到冰点以上，有400多种开花植物生存。南极地区的大部分无冰区对植被而言过于干燥寒冷，植物仅能在无冰的小块地上生存。那里有两种开花植物，植物大多是隐花植物。北极地区栖息着多种多样的哺乳动物和鸟类，而南极地区只有几种海洋鸟类，没有陆地哺乳动物。永冻土层是北极地区的特点，而在南极地区因缺少水分，只有很少的永冻土层。在南极地区没有树木，林线的概念与南极地区毫不相干。

极地自然环境

永冻土的地质地貌

永冻土层指永久冻结的土层。永冻土层在北极地区分布广泛，占加拿大和俄罗斯一半的领土。在冻原南部北方森林的下面，永冻土层通常是不连续的或偶尔才有的，这取决于当地的条件和植被的隔热效果。从林线向北极的方向，永冻土层通常是连续的，除大片水域外，整个地表之下都是永冻土层。永冻土层的厚度，向下可延伸到2000英尺（约600米），年平均温度、不同的土壤和岩石类型、与海之间的距离和地形等决定了永冻土层的厚度。永久冻土有的潮湿，里面有丰富的水分形成冰体；有的干燥，土层里的砾石、土壤或坚硬的岩石中的水分有限。在这两种情况下，因为气候寒冷，夏季的热量不足以使冻土完全融化。

夏季的热量只能融化地表的土层，下面的土层仍然是永久冻结的。解冻了的表面，称为活性层，经常是水浸的，因为其下面的永冻土会阻碍排水。活性层的厚度不同，通常在8~24英寸（约20~60厘米），但沿河的地方除外，那里的活性层有6英尺（约2米）厚，或者更厚。即使在起伏不大的斜坡上，活性层也会慢慢移动，不过每年只移动0.5~2英寸（约1~5厘米），这一过程叫泥流作用。永冻土层和泥流作用对冻原植物和动物既有消极的影响，又有积极的影响。虽然对表层土壤的不断破坏会给刚出芽的小幼苗生长增加难度，但地形或者土壤质地的差异会产生多种多样的微生态环境。

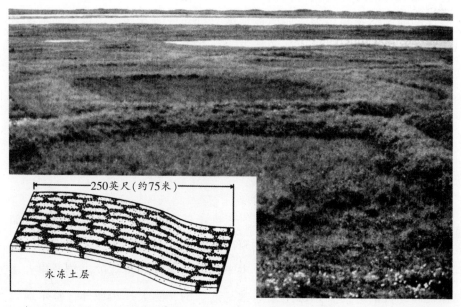

图2.1　永冻土层中的冻裂作用有助于形成从多边形到条状图形土，不同的图形决定了植被的格局　（杰夫·迪克逊提供）

　　永冻土层会在地表制造出特别的形状，统称为图形土，有圆圈形的、多边形的、网状的、圆丘形的、阶梯状的，或条纹状的（见图2.1）。在地势平坦的地方，会形成圆圈形的、网状的和多边形的图形土。在陡峭的山坡上，多边形土的形状可能会被拉长，最终成为条纹状。构成图形土的颗粒有可能是已分类的，也可能是未分类的，有的有由石头围成的边界，有的没有形成任何边界。大多数图形是由活性层的不同类型的冰冻形式决定的。细粒土比粗粒土含有更多的水分，随着温度变化而收缩或者膨胀。当土冻结时，土中混杂的大颗粒物质会从中心向上或向外推。这个过程对图形形状影响最大。土壤会因干燥开裂，类似于泥土因干燥而收缩产生裂缝一样，形成多边形，在形成未分形状的图形方面起重要作用。当夜晚的温度低于冰点时，在潮湿的表层土壤中，对土壤表层起破坏作用的针状冰会小规模地出现。图形土以不同形状出现的原因有多种，但不同的过程也许会产生近似的结果。

小圆圈（直径15英寸，约38厘米）的轮廓通常由粗糙的石头或植物在较为稳定的边缘形成。受冻胀力影响的中心通常光秃秃的。多边形可以有各种尺寸。在夏季因干燥开裂而形成的多边形直径只有8英寸（约20厘米），直径大于3.3英尺（约1米）的多边形很常见，在它们的边界上通常有冰楔。多边形之间的细粒土可能会因干燥或寒冷而收缩和开裂。当天气寒冷时，裂纹所集结的水会结冰，会使裂缝加宽，从而扩大多边形的形状。在此过程中，多边形的边或中心有的会低些，较低的中心在

阿拉斯加输油管道

阿拉斯加的永冻土层给输油管道的建设带来了严重的困难，这些管道从开采石油的北部海岸通往船运石油的南部港口。人们在富含冰的永冻土层地区架设管道，地下管道里面流淌的温暖的石油会使管道外的冻土解冻，热量沿着架管道的支柱向下传导，也会融化永冻土，使支柱脱离了原来的稳定位置，破坏输油管道。但往支撑柱的管子里面注入氨可以解决这个问题。蒸发与冷凝过程包括热能交换。像水一样，液态氨为了蒸发要从周围吸热，这样就使周围环境变冷。氨气冷凝成液体，会向周围环境释放热量。在支撑柱的管子内，液氨沿着管道向下流淌刚好到地平面以下，它从周围土地中吸收热量，然后蒸发。接着氨气在管道内上升到地平面以上，在那里氨气会被支撑柱周围的北极寒冷空气冷却。当气体凝结成液态氨时，它就会把从土地中得到的热量释放回大气中。然后液体向下滴淌，重新变暖，重新蒸发。在这个循环中，氨会带走使永冻土解冻的多余热量，然后把它传导到上面的空气中。氨的冰点非常低，即使维持永冻土的温度也能使它保持液态。这个封闭的系统已成功地使永冻土冻结，从而使支撑柱和管道保持在它们原有的位置上不动。

夏季有时会形成一个池塘。冻胀力会迫使多边形中间的岩石升到表面。较大的岩石逐渐沿坡向下移动，离开较高的中心被多边形边截住，形成比较固定的多边形。大的多边形直径可达100英尺（约30米），边缘有3.3英尺（约1米）高。不同土壤质地和水量支持不同类型的植物生长。厚厚的雪积累在多边形之间的沟槽里，为旅鼠提供了更多的隔热和庇护场所。互联的圆形或多边形形成网状或者网格形状的地貌。

泥流作用有可能会形成阶梯状的地貌，在这里活性层覆盖在比之更稳定的土层之上。植物往往集中生长在阶梯的基部，大概有15英寸（约38厘米）高。大雪在阶梯上积累，在冬季为植被提供了保护。暴露在风中的梯面多是裸露的，可以支持垫状植物生长。

被称为小丘的山是富含水的冻原地貌的另一特征。水平的水下层会冻结成底冰，有更多的水从周围的土壤中聚集于此，这层冰会扩大并推动其上面的土层上升，形成有冰核的山。虽然大多数小丘较小，但其基础部分仍可达150英尺（约46米）高，直径达1800英尺（约550米）。小丘顶部相对温暖、排水良好，成为北极地松鼠和北极狐等动物的家园。表层土壤的缺口可以让热穿透，融化底冰，使小丘中心出现池塘。穹形泥炭丘在不连续的永冻土层上更常见，它们比小丘小，是有冰核的泥炭沼泽地区的低山。

极地气候

北极和南极的气温主要受光的变化规律影响。北极冻原和南极冻原在它们各自的夏季期间，都有一个阶段要经历24小时的极昼，但极昼的天数随纬度而变化，在南极圈和北极圈（南纬66.5°、北纬66.5°）只有一天，而在两极（南纬90°、北纬90°）可达6个月。在南纬70°、北纬70°，太阳持续在地平线以上长达两个半月，在南纬75°、北纬75°，可达4个月。冬季的极夜，也就是没有阳光的日子，和夏季时极昼的数据一致。然而，由于太阳运行角度的原因，在冬季当太阳在地平线以下只有几度的时候，白昼就会出现数小时的暮色，这成为当地一大特色景观。

在黑暗的冬季没有来自太阳的辐射，气温下降。夏季即使有连续的日照，太阳所提供的热量也有限。夏季和冬季的温度差异与陆性率程度的关系大于与纬度的关系：地处较高纬度的沿海地区，尤其是那些受温暖的洋流影响的地区，冬季气温比低纬度的远在内陆的地区高。在夏季最热月份，平均气温相差很大，但总的说来，月平均气温在40℉~55℉（约4.4~13℃）之间。尽管在偶尔"热"的夏日，气温能达到70℉（约21℃），但短暂的夏季平均气温低于50℉（约10℃）。

在一年的大部分时间里，该地区经历着负向能量平衡。天空中低垂的太阳能量没有多少能够到达北极。冰与雪的高反射率意味着到达的太阳辐射有许多会反射回太空。陆地和海洋表面的红外能量全年持续向外辐射，甚至在冬季黑暗的日子里也一样。结果，能量在一年的大部分时间里持续损失。即使来自太阳的辐射从春分就开始增加，但通常在6月，直到积雪融化以后，能量平衡才会变为正向。在夏季，大约有一半以上

北极能量平衡

地球大气的温度取决于能量平衡，从根本上说就是一个判断比较，那就是有多少能量进入地球大气中，又有多少能量从地球大气中消失。在春季和夏季，当太阳高高挂在天上，白天变长时，到达地球的热量会多于红外辐射的热量。多余的热量使温度上升。在秋季和冬季，当太阳在天空中低垂，白天变短时，到达地球的热量会变少，而红外能量却一直反射回太空中，当向外辐射的能量超过到达地球的能量时，能量就会亏空，温度开始下降。反射、蒸发和雪的融化使这一模式更为复杂。来自太阳的辐射照在白雪覆盖着的地表时，这种辐射将会被反射回太空，不会进入地球的能量系统。这种现象被称为反射率。晒伤你下巴的就是雪或水所反射的太阳辐射。外来辐射也可以用来融化雪或蒸发水分，这就是夏季在游泳池周围会感觉到凉爽的原因。

的夏季太阳辐射在积雪融化之前就发生了，太阳辐射要么被雪反射而失去，要么作为能量去融化积雪，而不是去温暖空气和植物，所以夏季生长季很短。在积雪融化之后，反照率会突然下降，光合作用会在每天24小时的光照期间不断地进行。

北极冻原寒冷的冬季气温对植物和动物的生活几乎没有直接的影响，大多数生物体适应了极端的寒冷，在冬季冬眠，或在隔热的积雪下面而受到保护。有些动物则以迁徙的方式，躲过极端的寒冷天气或食物缺乏的困境。在位于大陆边缘的冻原环境，冬季温度没有低纬北部森林的那么极端。在北部森林生活的鸟类和动物，其中一些是从冻原迁徙去的。北方森林缺乏起保护作用的积雪，暴露于寒冷天气之中，与冻原植物相比，它们对寒冷有更强的适应力。在北极，影响植物生命的最重要因素是夏季的低温和气温保持冰点以上的短暂时间。在生长活跃期，夏季的短暂、热量的缺乏等因素也对化学作用和食物来源有影响，间接地限制了动植物的生存。

北极降水量普遍较小，寒冷的空气含有极少量水蒸气。有暖洋流经过的沿海地区要湿润些，如冰岛、挪威、阿拉斯加南部等地区，一年的降水量可达30英寸（约760毫米）或更多，而冷气团更常见的北极其他地区，则只有10英寸（约250毫米）或更少的降水。植物所得的水分也取决于土壤基质和风力条件，风经常将本已不多的积雪刮起，使一些地区十分干燥。冰雪消融，水分升华到干燥的空气里，也会使土壤所需的水分丧失。然而，底层是大片永冻土层的地区却有沼泽，那里的水不能渗入地下，仍停留在土壤表层。

环北极地区的气候变化

温度　尽管环北极地区气候寒冷，但温度和降水量却会因许多因素而不同，包括纬度、气团、风向、沿海或大陆的位置、山脉或峡谷、起保护作用的水湾或易受攻击的海岸（见图2.2）。因为太阳倾角低，即

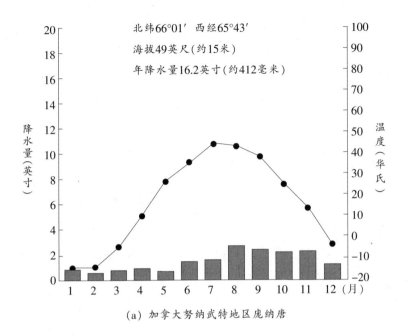

北纬66°01′ 西经65°43′

海拔49英尺(约15米)

年降水量16.2英寸(约412毫米)

(a) 加拿大努纳武特地区庞纳唐

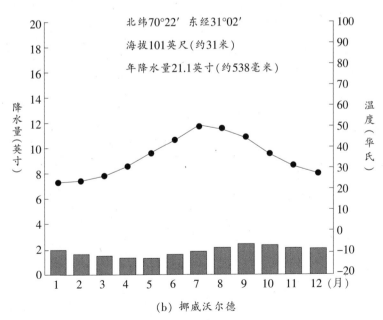

北纬70°22′ 东经31°02′

海拔101英尺(约31米)

年降水量21.1英寸(约538毫米)

(b) 挪威沃尔德

图2.2　(a) 加拿大努纳武特地区的庞纳唐是低纬北极的典型代表；(b) 挪威的沃尔德气候温和，降水丰沛，是沿海北极地区的典型代表　(杰夫·迪克逊提供)

使小的不规则地形也会造成微气候差异，如阳坡或阴坡。下图描述了环北极地区气候向东变化的情况。从冰岛和大西洋东北部一路向北到斯瓦尔巴特群岛，向东到俄罗斯的摩尔曼斯克，都受北大西洋暖流的影响，就它们所处纬度而言，温度相对温和。向东到俄罗斯的乌拉尔山，大陆性气候影响增强，冬季更冷，夏季无霜期更短。西伯利亚西北部的乌拉尔山脉以东，冬季更冷。气温直到6月才能升至0℃以上，无霜期仅为30~40天。台美瑞半岛（Taymry Peninsula）与科累马河之间的西伯利亚东北部地区有最极端的气候。从邻近山脉来的寒冷空气，在峡谷中安定下来，冷空气在暖空气之下，引起强烈的逆温现象。夏季更凉爽。

西伯利亚东北部的科累马河以东，进入阿拉斯加和育空地区，地貌特征是山多、峡谷多，高山有效地将北方寒冷的北极气团与南方的温暖的太平洋隔开。北部海岸是不变的北极气候，山谷内部是大陆性气候，太平洋沿海地区气候温和。尽管这一地区有许多湖泊，但是在西北地区的麦肯兹河和哈德逊湾与努勒维特西部之间的地区是寒冬的大陆性气候。几乎整个北极群岛，从班克斯岛到埃尔斯米尔岛，从12月到来年4月都被厚厚的海冰包围。加拿大北极地区的东部，尤其是魁北克的昂加瓦半岛和巴芬岛，深受海洋的影响，那里的海不结冰。来自南方的气旋风暴带来温暖的气团，即使在冬季，气温仍接近冰点或在0℃以上，尤其是在昂加瓦高原。

降水量 降水量会受海洋或大陆的位置，所处风向的位置以及地处山地的位置影响。但总的说来，北极地区降水量低。即使是在夏天，大多数降水也以雪的形式发生。在北极地区，冰岛、大西洋东北部和乌拉尔山以西的俄罗斯的降水量最多，有15~30英寸（约380~760毫米），向东逐渐减少。乌拉尔山以东的西伯利亚西北部，受到乌拉尔山的阻隔，年降水量下降到大约10英寸（约250毫米）。冷空气向东直到科累马河一直干燥。虽然冬季空气十分干燥，但在12月和来年1月却频繁发生冰雾现象。城区所产生的水分迅速冻结成冷空气。西伯利亚东北部和邻近的阿拉斯加的降水量因地形而不同。受北极气团影响的北海岸相当干燥。内陆高山沿山坡有降水，朝南的山降雪范围大。阿拉斯加的安克雷奇冬季下的雪有5英尺（约1.5米）厚，相当于6英寸（约150毫米）的降雨。

因为高气压占优势，并且缺少气旋风暴，加拿大西北部和加拿大群岛在冬季的几个月里几乎没有降水，即使那里经常有使能见度降低的飘雪。在短暂的夏季，气旋风暴却能带来2英寸（约50毫米）的降雨，积雪和冰融化也会使水分增加，频繁形成雾。加拿大北极地区东部的降水较多，是由山地地形，以及是来自湖区和大西洋沿岸的气旋风暴的路径等因素引起的。降水主要发生在夏季，受风暴路径的影响而发生变化。

风的强度和发生的频率取决于地形状况和气旋风暴的频率。在北极地区，风不会很大，却易被感觉到，植被稀少不能阻挡住风。冬季的暖风偶尔会将积雪融化，然后再结晶为坚硬外壳，使麝牛和旅鼠等动物无法接近食物。除陡坡、被风吹裸露的山脊和沿河高灌木间的空地外，大部分的北极地区从8月末到来年的5月或6月，甚至7月初都会被积雪覆盖。

冻原土壤

因为植物覆盖少，生长季短，永冻土层的存在，以及受冰川覆盖时间短等原因，北极地区的土壤发育缓慢。土壤贫瘠，缺乏营养。寒冷和短暂的生长季抑制了矿物质的化学变化和生物活性。稀疏的植被几乎不能提供有机物质和营养。土层不断受到冻胀力和泥流作用的破坏，清晰的土壤剖面无法形成。北极的土壤分类系统形式多样，但总的说来，这些形式反映了植被的模式。发育最差的灰化土形成于排水良好的活性层厚的土壤上，其上主要生长着矮灌木石楠和矮生桦树。始成土（北极棕色土壤）在高地和干燥的山脊上形成，那里生长着垫状植物和石楠属灌木。其他的始成土（冻原土壤），在排水不畅的地方常见，主要通过潜育作用形成，其上有羊胡子草、草丛草、矮灌木石楠和莎草。有机土（沼泽和半沼泽土壤）也通过潜育作用形成，沿湖泊和池塘存在，那里排水较好，有莎草和苔藓积累成的泥炭。在较干燥、排水较好的地区，土壤的剖面开始产生，表层是铁和黏土。在极地荒漠里，当夏季地表干燥的时候，碳酸钙和镁在岩石下大量的积累，特别是在有沉积岩和海洋沉积物抬升的地区。与大多数酸性冻原土壤相反，这些极地荒漠土壤中缺乏氮和磷，呈碱性。

冻原植物

北极冻原植物主要有矮生灌木、苔原、地衣、莎草和多年生非禾本草本植物。在8000~15000年前，该地区被冰覆盖。按照纬度、气候和植被，北极地区可分为两个主要的区域。

低北极地区，在较低纬度覆盖面积最大，植物生长形态多种多样。在绵延起伏的高地上，有很深的活性层，有利于排水和植物生长，植被覆盖率超过80%。多岩石的地盾区覆盖率要低一些。地貌总的外观是草

图2.3　在加拿大曼尼托巴省的丘吉尔河附近的冻原上长满荒草、发育不良的树和低矮的灌木　（作者提供）

原，有羊胡子草草丛、高达5英尺（约1.5米）的桦木和柳树等灌木（见图2.3）。有小灌木，主要是较矮的石楠，大多不足8英寸（约20厘米）高。有枝状地衣，如驯鹿地衣和雪地衣，生长在干燥的地方；苔藓生长在湿润的地方，如金发藓。

处于较高纬度的高北极地区被称为极地半荒漠和极地荒漠。高北极地区多半是光秃的岩石，霜冻作用使其形成了尖角。植物为草本植物。大部分区域是极地半荒漠，上面覆盖着地衣和苔藓。有开花的莲座丛、垫状植物和铺状非禾本草本植物，以虎耳草属植物为主，它们只能在受到保护的地区见到，只有3英寸（约8厘米）高。在真正的极地荒漠，即使隐花植物也很少见，植被覆盖率仅3%或为零。

在很大程度上，环极地地区冻原地带有相似的植物群落，然而，也会出现区域的和局部的差异。

冻原动物

大型哺乳动物

北美驯鹿和欧洲驯鹿　北美驯鹿和欧洲驯鹿同属一个物种，是最常见的大型哺乳动物（见图2.4）。它们在林边度过冬天，在冻原地区度过夏季。雄鹿体重平均为350磅（约160千克），雌鹿要小一些。不像其他种类的鹿，雄鹿与雌鹿都长鹿角。它们的鹿角在秋天都会褪掉。怀孕雌鹿的鹿角直到春末生完小鹿才褪掉。鹿角起着威慑作用，使其他动物远离它们的觅食区，而这些区域雪已经被它们刨掉。在5月当小鹿出生时，那里仍然有雪。小鹿具有超常能力，在出生后不久就会奔跑。在靠大量的母乳哺育一星期后，它们就可以自己觅食。

驯鹿大大的凹蹄可以支持它们在深雪或沼泽地里行走，一层厚厚空心毛发为它们隔热。冬天，北美驯鹿的食物包括富含碳水化合物和淀粉

图2.4 在挪威北部拉普兰生活的驯鹿与北美驯鹿为同一物种 （作者提供）

的地衣，地衣能供给它们能量以战胜寒冷。在春季和夏季，它们吃莎草、草、矮生柳树和桦树的富含蛋白质的芽。它们的口部肌肉能把植物的活组织与死组织分开，吐出植物难以消化的部分。为了避免在一个地方过度啃食，成千上万只驯鹿组成群，不停地迁徙，它们会沿着固定的路线行走500英里（约800千米）。现在北美洲仍然存在由数万只野生驯鹿组成的种群。在那里，它们壮观的大迁徙引起了保护自然与发展之间的冲突。大多数欧洲驯鹿在3000年前就开始被驯养，现在仍然有一些野生欧洲驯鹿生活在芬诺-斯堪的纳维亚半岛和俄罗斯北极地区。

麝牛 麝牛在北部高纬度地区已经生存几千年了，它们曾经与乳齿象和猛犸象分享冻原地带。它们是大型动物，有900磅（约408千克）重，7英尺（约2米）长，但长着短腿。雄麝牛与雌麝牛都有角。因雄性双眼之间的腺体能产生麝香的气味而得名。长长的褐色或黑色的毛发几乎触及地面，与柔软的、毛茸茸的下层绒毛一起形成极好的隔热层，当它们躺在雪上时，毛下面的冰或雪都不会融化。麝牛全年栖息在冻原地带，以那里的多种牧草和灌木为食。在夏季，牛群大约由10头牛组成；在冬季，增加到15~20头。每一个牛群都由一头健壮的雄牛领导，每头成年雌牛在春季产一头小牛。小牛长得很快，一周内就能吃草，但仍吃母乳，一年后才断奶。麝牛的防御手段是用身体围成一个圆，角向外伸，将小牛成功地保护在中间，使之不受北极狼的伤害，但是这也使得它们很容易成为人类射杀的猎物。它们曾经到了濒临灭绝的边缘。近些年由于人类的环保意识的提高，杀戮的减少，它们的数量开始恢复了。它们不进行迁徙，在地势高的地方过冬，因为那里的风会将植被上的雪吹掉。

棕熊　科学家已经确定了棕熊的几个亚种，但如果不考虑所处地理位置，棕熊、北美洲灰熊、科迪亚克岛和堪察加半岛的熊都属于同一物种。成年的雄熊体重900磅（约408千克），后腿站立有9英尺（约2.7米）高，雌熊略小些。在整个北半球的森林和冻原栖息地都有它们活动的身影。它们为棕色、米色或黑色。棕熊因凹陷的脸和肩头突出的圆形隆起

北美驯鹿身上的寄生虫

　　北美驯鹿很少有天敌，但金雕和熊经常捕食幼鹿，群狼会击败成年驯鹿。在夏季，当气温上升到50℉（约10℃）时，成群的数以百万计的昆虫布满天空，它们会折磨栖息在这里的动物，并干扰它们进食。实验表明，蚊子在一天中就可以从一个动物身上吸食多达4盎司（约113克）的血液。驯鹿试图通过抽搐、奔跑，站在风大的地方，聚集在一起，或是把自己陷在雪或水中来摆脱昆虫。有两种

昆虫——牛皮蝇和马鼻蝇，它们对驯鹿危害最烈。牛皮蝇在驯鹿的腿毛上产卵，幼虫挖洞钻入驯鹿皮肤后，在皮肤下面活动。它们能在驯鹿皮肤下长到约一英寸长，当幼虫长成后，钻到驯鹿的后背，在那里钻出皮肤表面。在冻原上化蛹后变成成年蝇。马鼻蝇在驯鹿的鼻孔里产卵，孵化的幼虫移动到驯鹿喉咙里，充分利用那里温暖、潮湿的环境度过整个冬天。在3月份，幼虫迅速成长，最终被驯鹿咳出，在冻原上化蛹后成为成年蝇。

物而有别于它的近亲黑熊。长长的弯曲的爪子和圆形隆起物里的肌肉使它们更适于挖掘植物的根和朽木中的昆虫，还能挖小型哺乳动物居住的洞穴。棕熊以吞吃洄游到阿拉斯加的鲑鱼而闻名。虽然它们被划分为肉食动物，但它们也是杂食动物，经常吃植物、水果、昆虫、鸟类、鼠类、驼鹿、驯鹿和动物腐肉。各种各样的味道诱使它们来到人口稠密地区的垃圾场。莎草、草和树根是冻原上的美味。棕熊的身形硕大，需要吃很多食物，除了母熊和幼熊，它们单独生活。虽然它们不是真正的冬眠动物，但在冬季会进入冬眠，降低体温和新陈代谢。

北极熊 成年雄性北极熊身高10英尺（约3米），重1700磅（约770千克），它们是熊家族中最大的成员。雌熊略小些。北极熊的数量估计在22000~27000只之间。它们唯一的敌人是人类，现在变

北极熊的体色

北极熊的毛皮经常显示出渐变的白色，但它的皮毛没有颜色，它呈现的是周围的色调——来自离地平线不高的太阳的微橘黄色，或经过云或雾过滤的浅蓝色。在夏秋末，熊显现为灰色，因为它们的猎物的油脂弄脏了皮毛。在动物园里的北极熊有时呈绿色，因为有藻类生长在它们的皮毛中。北极熊的皮肤实际上是黑色的，如果它们的皮毛受到损坏，就能看见成块的黑色皮肤。

北极熊拘留所

马尼托巴省的丘吉尔河是流入哈得逊湾水域最先结冰的河流之一。丘吉尔河是淡水河。从加拿大其他地区迁徙到这里的熊，最先到达丘吉尔河附近。在整个夏天它们几乎禁食，靠体内积累的脂肪活着。在11月中旬前后，它们开始捕猎海豹。当丘吉尔河结冰的厚度适合它们行动时，聚集在附近的近百只北极熊在一夜之间就消失了。熊现在开始在城市垃圾堆聚集，那里有垃圾可食，它们的到来制造了麻烦。当地政府设立了一套北极熊警戒程序，利用噪声吓唬熊，让它们离开城镇。如果一只熊继续制造麻烦，特别是一只母熊教它的幼崽坏习惯，人们会对它采取仁慈手段，把它关在北极熊监狱里，这是个远离城区的飞机棚一样的设备。当海湾结冰后，它们就会被释放。如果"熊满为患"了，政府会动用直升机空运，把它们安置在边远地区，希望它们不会再回来。空运中，为避免它们产生烦躁情绪，成年熊会被注射镇静剂，还会在它们的眼睛上涂一层凡士林，以免受寒冷干燥空气的伤害。而弱小的熊崽则"坐"在机舱内享受优待。

化的气候对它们影响更大。北极熊处在北极食物网的顶部，在冬季，它们捕猎浮冰上的海豹，在海豹通气孔处等待海豹出现或趁海豹休息时围捕它们。它们喜食环斑海豹，有时也吃髭海豹、驯鹿、鸟和附近海滩上搁浅的鲸鱼。一只熊一顿能吃下100磅（约45千克）的海豹的肉，如果猎物多的话，还可以给食腐动物剩些肉。对脂肪的偏好使其更有优势，消化脂肪能释放代谢水，这在盐水或者结冰的环境里是重要的。

北极熊能很好地适应寒冷的北极环境。4.5英寸（约12厘米）厚的脂肪隔热层有助于它们维持同人类一样的正常体温98.6℉（约37℃）。在极其寒冷多风的环境里，北极熊蜷缩在雪堤下以增加额外的保护，用毛茸茸的爪子遮挡住它们裸露的鼻口部，使其免受冻害。它们肥硕的身躯上长着小小的耳朵和尾巴，有助于保存热量。紧贴身体的下层绒毛密集，而较长的针毛是中空的。两层不同的毛形成隔热层。隔热层在熊奔跑时，会使熊特别热，因此，在夏季时它会褪掉多余的毛。熊掌上长满小肉垫疙瘩，这样会在结冰的表面增加摩擦力。锋利的黑爪子弯曲，用来依附雪冰捕抓海豹。

恶劣生存环境使它们的繁殖缓慢。一只成年雌熊在它18年的生命里只能生产5次。虽然它们可以在漂流的浮冰上建窝，但怀孕的雌熊秋天时通常在沿海的地上挖洞穴。它们在冬天生育，不吃不喝不排便，直到春天与它的幼崽一起离开洞穴。正常情况下，雌熊一次产下两只幼崽。它们的幼崽很小，只有12英寸（约30厘米）高，1磅（约0.5千克）重，初生时什么也看不见，很无助，完全依赖妈妈的乳汁。4个月后，它们的体重有50磅（约23千克）。幼崽与母亲一起生活两年半，在此期间，它们学习捕猎和生存。

北极熊生活在一年中大部分时间都结冰的环北极海洋区域，以及北美洲和欧亚大陆邻近北极的地区。它们捕食海豹，喜欢海岸附近的浅水水域或冰结得不厚的大块浮冰的边缘。北极熊喜欢把海上浮冰作为栖息地，它们被划为海洋哺乳动物。在夏季，大多数北极熊居住在冻原上，有些则全年留在大浮冰上。北极熊需要海上浮冰，它们在浮冰上面捕猎。没有海上浮冰，它们就无法接近它们的猎物——海豹。气候变暖对它们产生了极为不利的影响。

小型哺乳动物

小型啮齿类动物数量丰富。许多小型哺乳动物在冬季仍很活跃，它们需要积雪构成的隔热层。旅鼠和田鼠在雪下生存，它们是黄鼠狼的猎物。有积雪隔热的地方最易受到春季洪水泛滥的影响，在春季不能搬到地势更高的地方筑巢的旅鼠有被淹死的危险。会游泳的冻原田鼠生活在最潮湿的地区。棕旅鼠生活在排水良好的多边形山脊上，环颈旅鼠生活在排水良好的坚硬的水边高地。人们可以在沿河的排水最好的沙质土壤中看到狭颅田鼠。一些田鼠生活在灌木石楠、柳树、桤木等灌木丛中。北极冻原地区有永冻土层，冬季极其寒冷，积雪层浅，没有能够挖掘的解冻层，所以，特别擅长挖掘的鼠类，如囊地鼠，不会在那里栖息。北极野兔在低北极冻原上度过整个冬季，它们在那里吃伸展在积雪之外的嫩枝。

旅鼠的种群增长周期　　冻原地区的食物链短且简单。旅鼠的数量每3~6年会出现一次剧增和锐减的周期，这是冻原生态系统的微生态平衡的典型例子。像家鼠一样的旅鼠，从鼻子到短短的尾巴只有5英寸（约13厘米）长。它们以集体自杀而闻名，它们的大规模迁徙只是试图逃避拥挤的局面。旅鼠不冬眠，整个冬季在雪下活跃地啃食莎草和草的嫩芽。它们全年都可以交配，雌旅鼠在两年内能生产14窝崽，每窝8只幼崽。然而，由于被捕食和溺水，大多数旅鼠并不能活得那么久。幼鼠在出生4天后体重就可以增加一倍。雌鼠在哺乳期仍可以怀孕，一个聚集地的旅鼠数量在一个冬季就可能增加100倍。旅鼠每天能吃掉身体自重两倍的食物，这对植被和植被下面的土壤有重大影响。它们对食物的消化效率很低，摄入食物的70%会被排出体外，成为富含氮的污物，滋养冻原植被。旅鼠为了吃到新的绿色嫩芽，会切断死的植物，加速植物腐烂和生长的进程。因此，旅鼠的觅食区总是郁郁葱葱。如果太多的植被被旅鼠除掉，永冻土层就会解冻，将导致地表裸露。

旅鼠数量的增加招来了更多的肉食动物，北极狐、黄鼠狼、雪鸮和贼鸥的数量都会增加。通常攻击较大猎物的狼，也会吃旅鼠，因为旅鼠的数量太多了。猫头鹰在地面上捕捉旅鼠，而长着修长身体的黄鼬能钻入鼠洞里捉旅鼠。最终，旅鼠不得不迁居到别处去找食物，否则就会死亡。拥挤、食物供应不足或食物缺乏营养，都会抑制它们的繁殖，旅鼠的数量就会锐减。随之而来的是，捕食者肉食动物的数量也会相应下降。在萧条期，植被得到恢复，永冻土层也会复原。在芬诺-斯堪的纳维亚半岛，迁徙的旅鼠数以千万计，而在别的地方，它们只以较小的规模迁徙。

鸟类生活

在北极，栖息着许多鸟类，有水鸟、贼鸥和松鸡。一些鸟的觅食活动会影响植被，如雪鹅和松鸡。在夏季，数以百万计的大雁、天鹅、野鸭、鸥和涉禽在冻原地区活动。在春季，水鸟是第一批到达的鸟，滨鸟和陆地上的鸟紧随其后到达。在冻原地区筑巢的鸟有珩科鸟、鹬、大雁和野鸭。鸟大多数在地面上筑巢，这使它们易受食腐动物和肉食哺乳动物的伤害。有几种捕食猎物的鸟，如猎鹰、鹰和雪鸮与猎物共享筑巢区域。鸟的食物包括昆虫、鱼和水生植物。蚊子、大蚊、跳虫和石蝇数量很多，众多的池塘和沼泽是它们的孳生地。许多冻原鸟类根据季节和可得到的食物来改变它们的食物种类。在春季，它们吃种子和昆虫，在夏季只吃昆虫，在夏末改吃种子。栖息地决定食物的供给，它们也可以根据对食物的喜好来挑选栖息地。柳松鸡吃柳条与桦树的嫩芽和叶，而岩松鸡的食物是桤木絮和嫩芽。大雁吃草，有时也吃整株植物，光秃秃的地上最后只剩下苔藓和地衣。因为草极少，对氮有重要固定作用的蓝藻细菌可以生长在地表。鸟的排泄物富含氮，在鸟巢附近存活的或移居来的植被生长良好。

在雀形目鸟中，拉普兰铁爪鸟、雪鸮、鹀鸽和田云雀在北美洲和欧亚大陆冻原地区繁殖。许多鸟要飞行很长的距离才能到达这里，如北极燕鸥每年要迁移2.1万英里（约3.38万千米），来到北极冻原上繁衍后代，冬季来临时，它们又回到亚南极的海上生活。游隼猎鹰是一种猛禽，跟随迁徙的鸟群来到北极冻原，整个夏季都在冻原上度过。北极的鸟类有多种方法照顾小鸟。雄鸟或雌鸟，当一只飞走时，另一只会留在巢里喂养小鸟。一些鸟产两窝卵，雄鸟与雌鸟各照顾一窝，它们希望有更多的雏鸟能存活下来。在夏末，它们离开这里，这或许是对稀少的食物资源减少需求的方法。

尽管许多鸟在冻原上筑巢，但它们很少能在此生活一年。矛隼，世界上最大的猎鹰，以北极野兔和松鸡为食；而乌鸦则靠吃腐肉、排泄物和人类垃圾生活。在春季积雪融化之前就筑巢并产卵的雪鸡，喜欢吃旅鼠和其他小动物。松鸡聚集在光秃秃的地上或雪薄的地区，但不会刨开深雪寻找食物。

尽管北极的夏季或冬季有连续的白昼或黑夜，但鸟类和哺乳动物仍维持与24小时周期相对应的日常活动周期。小型哺乳动物的日常活动受天生的生理节奏控制，对不断变化的光的影响不敏感。

动物对植被的影响

哺乳动物和鸟类的活动对植物群落影响很大，能广泛地损害冻原植被。驯鹿的集中啃食对驯鹿地衣的影响最大。驯鹿地衣生长缓慢，每年仅长0.2英寸（约5毫米）。冬季，在放牧严重的地方，动物在3~4年内就能完全毁坏那里的植被。地衣与其他植物，主要是草需生长5年之后才能重新恢复，总体复原需要15~20年。然而，大多数野生驯鹿会自我调节，它们只在极端寒冷和积雪多的时候才啃食地衣。一旦条件允许，它们会迅速移向夏季草场。家养动物因集中在有限的地区，它们对植物的啃食破坏性更大。

北极狐对植被有很大的影响。它们通往洞穴入口的通道会干扰永冻土层，导致活性层更深。通风和粪便积累，为土壤提供了肥力，土壤里长出了一层浓密的草和非禾本草本植物。豆雁和白额雁喜食羊胡子草和其他莎草，但只吃靠近根的肉质部分。植物茎里有机物质的积累和鸟的排泄物为土壤增加营养，进而影响着植被生长。大雁有面积较大的进食区域，通常不会给植被造成太多伤害。如果它们的种群过于集中，可以毁灭一个区域，最后留下一个贫瘠的、受到践踏的布满鸟粪的区域。食肉鸟常年在一个地方捕食。

旅鼠数量波动大且明显在三四年间，它们的数量会达到高峰，它们的过度啃食，导致植被减少。它们通常不会吃营养含量低的苔藓，在冬季的积雪下它们啃穿苔藓层，吃到草和非禾本草本植物的肉质部分。旅鼠可以摧毁它们活动的区域，但它们的行为有助于形成在北极冻原常见的丘陵地表。随着时间的推移，这些原生态草地逐渐变厚，最终形成草皮小丘。被旅鼠咬断并丢弃的营养低的植物上部茎会变成干燥的植物垃圾，成为土壤中有机物的重要来源。

人类活动的影响

由于气流模式和缺少使空气洁净的降水等原因，空气污染物，包括放射性尘降物，在北极积累下来。地衣直接从空气中吸收水分和营养物质，又因其生长缓慢，多年积累了有毒物质。当地衣被驯鹿或北美驯鹿吃掉后，进入到食物网的放射性微粒，就会转移到吃它们肉的人的身体里。矿产开采、旅行探险、道路开通，以及其他的发展活动都会破坏脆弱的冻原生态系统。由于那里恶劣的生存条件，使得人口稀少，人类活动引起的改造和破坏是十分有限的。外来植物几乎不能生存，因为它们不能完全适应当地的气候和土壤。通行车辆的挤压最终会破坏铺状植被。原有的优势品种，如苔原、地衣、矮生灌木和灌木通常会被草和非禾本草本植物所取代，植物种类的数量只是原有天然冻原植物的一半或三分之一。建筑物、道路或植被上发生的变化对永冻土层的改变是巨大的。隔热层被破坏掉，就会发生更多的冰融化，导致一种被称为"冰融"的现象发生，表层土壤坍塌进入到冰核空出的空隙中。

全球变暖对冻原生态环境的影响是明显的。埃尔斯米尔岛上冻原地带的池塘已经枯竭25年了，水中的盐分随着蒸发加快而增加。北极和南极生态环境中的海冰和永冻土层正以前所未有的速度融化。海冰正在消失，沿海地区因失去了它的保护而遭受着海水的侵蚀。入侵的海水占据了从前的淡水湖，威胁着野生动物的栖息地。海洋的温度变化也给陆地带来了影响，一些地方的雪在夏季融化得更早，致使永冻土层温度上升。

主要的极地冻原地域

北美洲冻原

大约20%的北美大陆是冻原，其范围从北纬55°沿着哈德逊湾到位于北纬82°3′的埃尔斯米尔岛阿勒特地区。冻原主要分布在加拿大纽芬兰省，从西经61°的地方伸展到美国阿拉斯加的西经168°的地方（见图2.5）。在这片广阔的区域里，气候、地形、冰盖、土壤、生态系统和多种多样的动植物千差万别。冻原分布最广泛的地域是低北极地区，那里有缓坡高地，排水良好，土层较深，这些都有利于永冻土层的形成。在加拿大北部岛屿上包括埃尔斯米尔岛、巴芬岛和伊丽莎白女王岛，也能见到高北极冻原。

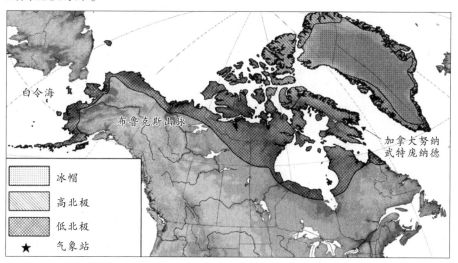

图2.5　北美洲和格陵兰岛极地冻原　（伯纳德·库恩尼克提供）

表 2.1　北美洲北极冻原气候概况

气候特征	低北极	高北极
年平均温度	20℉(约-6.7℃)	10℉(约-12℃)
1月平均温度	-10℉(约-23℃)	-22℉(约-30℃)
7月平均温度	50℉(约10℃)	40℉(约4.4℃)
年降水量	18英寸(约457毫米)	6英寸(约152毫米)
积雪深度	14英寸(约36厘米)	6英寸(约15厘米)
生长季	3~4个月	1.5~2.5个月
雪融日期	6月中旬	7月末或8月
融冻层深度	8~80英寸(约20~200厘米)	8~60英寸(约20~150厘米)

气候　在冬季，大陆上的低温会产生高气压，使湿润气团不能靠近大陆。随着夏季变暖，高气压减弱，北极气流前锋形成——寒冷干燥空气的最南限度——大体上与植物生长线相一致。然后，气旋风暴和湿润气团就进入北极地区，带来夏季的降雨。气压和风暴的季节性循环促成了干燥的冬季和潮湿的夏季。然而，加拿大西北部诸岛终年受到寒冷干燥的北极空气的控制，导致其周围的海域终年结冰。加拿大东南部的极地地区有较温暖的海洋性气候，那里气旋风暴更多。加拿大大陆地区为大陆性气候，温度季节性变化较大，与遥远的北部相比，夏季要温暖得多。

布鲁克斯山脉延伸到北极和北部的森林生物群落的交界处，按照植物生长状况，可以把阿拉斯加分为南北两部分。气旋风暴时常光临南部海岸，使白令海降水量增加。但是，高山阻挡了风暴，使其不能进入北部海岸，那里鲜有气旋光顾。北阿拉斯加因受逆温影响而出现寒冷气温。当气温低于5℉（约-15℃）时，冰雾就会给工业区带来灾害。相比较而言，白令海的西部海岸受害少些。

除了靠海的巴芬岛，加拿大东部降水有限。在夏季，由于大部分的降水以小雨或薄雾的形式发生，所以除了高北极地区，土壤很少干燥，土壤中通常水分含量很高，特别是在有永冻土阻碍排水的地方。

低北极地区和高北极地区的生物群落存在着差异，这些差异是由气候恶劣程度引起的（见表2.1）。太阳辐射、年平均气温、冬夏温差、与雪融化时间相一致的生长季的长度以及降水等，从南到北都会呈现下降、缩短或减少的趋势。因此，即使在夏季日照时间长，在向北的较高纬度地区，由于日照角低，加上积雪表面的反射率高，致使太阳辐射减少，温度仍比较低。无论是在靠海的位置，还是在大陆内部，低北极地区的年平均气温比高北极地区的平均气温高。在低北极地区，夏季与冬季的气温都略高些。低北极地区降水更多，积雪普遍更厚。低北极地区雪融化得早，它的生长季要长1~2个月。雪融化的日期对确定生长季长度是很重要的。在这两个地区，融冻层的平均深度相似。

植物因温度、湿度、积雪深度的变化而变化，随着纬度增加，它们通常变得越来越矮，越来越稀疏（见图2.6）。

低北极植物群落　在封闭的北方森林以北是开阔的地衣林地，树与树的间隙开始扩大，这标志着林线的开始。这片广阔地带超过100英里

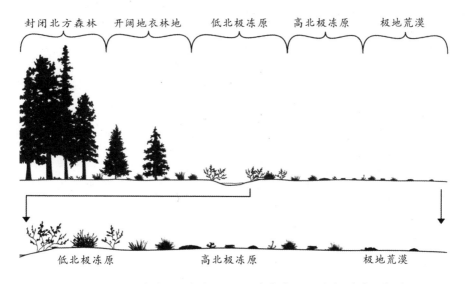

封闭北方森林　开阔地衣林地　　低北极冻原　　高北极冻原　　极地荒漠

低北极冻原　　　　　高北极冻原　　　　　极地荒漠

图2.6　向北从林线到极地荒漠，植物的高度降低　（杰夫·迪克逊提供）

（约160千米）宽。在没有树木生长的地上长着6英寸（约15厘米）厚的枝状地衣。再向北，林地树木稀疏，最后在有积雪保护的地方，分散着小树丛。在加拿大的大部分地区，黑云杉在林线小树丛中占主导地位，但在加拿大育空地区和美国阿拉斯加，白云杉取代了黑云杉。低极地冻原上的植物填补了小树丛间的空地。林地火灾在维持林线地区的开阔林地方面是必要的，但却毁灭了灌木、苔藓和地衣。灌木重新发芽需要2~10年，地衣群落则需要60~200年才会重获新生。

除了北极海岸上的巴罗，低极地地区包括美国阿拉斯加、加拿大本土大陆、巴芬群岛南部和格陵兰岛南部地区。冻原一词指低极地地区的植被，主要包括木本植物、莎草和草，但不包括垫状植物植被。垫状植物植被在高极地地区和极地荒漠中更为典型。冻原上长满草与低矮的灌木。灌木占很重要的地位。在湿地中没有灌木，只有莎草、苔藓和草。

科学家认为，在几种主要的植被类型中，灌木的高度与雪的深度有关。高灌木冻原由桤木、桦木和大约10英尺（约3米）高的柳树组成，还包括由非禾本草本植物和草组成的浓密的林下叶层。在河底、湖泊附近和保护区常见到高灌木冻原，那里温度高的土壤里营养物质更多，融冻层更深。按照地理位置划分，物种种类有些许的不同，因而出现了需要确认的植物亚种。林下叶层是垂头发草和席草。加拿大西北部和阿拉斯加的驼鹿选择这种植被类型的区域作为栖息地。北极兔和松鸡主要以柳树为食。

在森林冻原带之外的阿拉斯加和加拿大西北部的绵延起伏的高地上常常可以见到低矮灌木冻原，那里没有厚厚的积雪保护。低矮灌木冻原由多种矮生桦树、柳树、石楠和非禾本草本植物组成。稀疏灌木林冠平均有20英寸（约50厘米）高，主要生长着沼泽桦木和蓝柳。地面覆盖物包括苔草属莎草丛、羊胡子草丛和仅有6英寸（约15厘米）高的极小的半灌木。在积雪融化晚的地方还生长着北极轮生叶石楠。苔藓和枝状地衣将地面完全覆盖。在加拿大东北部，有限的积雪和大风影响着不同的植物物种和有限的植物群生长。

在积雪少的地方，矮生灌木石楠冻原里可能有羊胡子草丝生长。小石楠灌木生长在排水适度的土壤里。植物物种，包括高山杜鹃和拉普兰夹竹桃，因地理位置而不同。一些植物的常青叶子是判断植物群落的好方法。禾草状植物包括紫羊茅、高地灯芯草科植物和北极莓系属的牧草。阿拉斯加西部和北部的广大区域，特别是马更些河三角洲，有植物群落的变种覆盖，包括羊胡子草。羊胡子草因其白色的丛毛而引人注目。石楠是这里的主要植物，此外还有发育良好的藓类隐花植物，包括泥炭藓种。羊胡子草生长的地方是驯鹿的重要草场，特别是在初夏羊胡子草开花时，它们为正在哺乳的母驯鹿提供了营养。

地势平坦、排水不好的地区和位于永冻土层之上的融冻层，邻海平原和马更些河三角洲外部，是12英寸（约30厘米）高植物的禾草状苔藓冻原。永冻土层浅，图形土、多边形、网状和条状的地形是这一地区的特征。这些湿地草原上主要生长着水莎草、少花莎草、羊胡子草以及沼泽委陵菜。不同的土质供养着不同的植物。多边形土中心或者裂缝中的细粒土层，由于水分过于饱和，使许多植物（苔原除外）无法正常生长。地衣、矮生灌木和非禾本草本植物大多生长在粗糙凸起的排水较好的多边形土边缘。

经常有大风刮过的斜坡或山脊上，几乎完全没有积雪，是生长着低矮的垫状植物、隐花植物或席状植物的北极半荒漠。植物群落与高极地地区植物群落相似，在西部分布有限，在有更多裸露岩石和砾石的东部很常见。不足2英寸（约5厘米）高，直径3英尺（约1米）的山仙女木占脉管植物植被的80%~90%，特别是在含碳酸钙的土壤中。与身材矮小的多年生非禾本草本植物相关的是北方银莲花、拳参和苔藓剪秋罗。

高北极植物群落　高北极地区指位于高纬度的加拿大群岛和格陵兰岛的北端。那里比较干旱，缺少起到保护作用的积雪，植物稀少。但仍有几种植被类型存在，有与低北极的植物群落相似的小面积的冻原植物，几乎没有高灌木。高北极的大部分半荒漠地区为垫状植物及隐花植物所覆盖。只有一小部分是草本植物荒地。

在排水不畅的河流阶地和海岸低地，可以看到禾草状植物–苔藓冻原，这里是麝牛的主要牧场。湖泊和池塘为水鸟和滨鸟提供了繁殖地。莎草是这里最重要的植物，高山狐尾草、虎耳草属植物垫状草丛、羊胡子草和马先蒿属植物分布广泛，山仙女木和匍匐极地柳仅在排水良好的小山丘上生长。苔藓和蓝细菌生长旺盛，地衣极少见。高北极地区南部和东部的泥沼里主要生长莎草。

亚灌木石楠冻原没有低北极地区的石楠种类多。石楠冻原必须在7月初雪层融化的地方存在，多出现在容易吸收和提供夏季热量的岩石附近，这种情况在高北极地区几乎见不到。北极轮生叶石楠是这里的主要植物，其他的物种包括短叶莎草、极地柳、紫色虎耳草属植物和山仙女木垫状植物。苔藓数量丰富。许多枝状地衣，如冰岛衣属地衣、极地指状地衣和白蠕虫地衣，都是这个群落的成员。巴芬岛北部和中部的荒地冻原拥有丰富的植物区系，主要以轮生叶石楠为主。

极地半荒漠不像极地荒漠那么贫瘠，土壤发育较好。地面生长着一些植物，有较为丰富的植物区系。极地半荒漠占加拿大南部群岛的一半，北部群岛的四分之一。垫状植物及隐花植物与在低北极有限的区域发现的相似。植被主要出现在厚而温暖且沙砾多的地表，但植被面积不大，因为那里地表多岩石，土壤中细粒土多，气候寒冷，并且积雪融化迟缓。植被以铺地植物或北极山仙女木形成的圆形垫状植物为主，还有虎耳草属植物、蚤缀属植物和紫菀属植物。有无数的多种多样的地衣和苔藓。半荒漠地区为佩里驯鹿、环颈旅鼠、松鸡和数目众多的雀形目鸟提供了主要的栖息地。

生长着隐花植物和草本植物的半荒漠是低起伏山地和有细粒土而不是砾石的海滩上的主要植被类型。维管（束）植物占全部植物的5%～20%，隐花植物占50%～80%。植被主要是苔藓类植物、壳状地衣和枝状地衣。高山狐尾草和北方地杨梅等禾草状植物占优势，完全见不到高地莎草。非禾本草本植物包括莲座丛或由鼠耳草属、葶苈属、蚤缀属、生根罂粟和虎耳草属等组成的垫状植物。苔藓植物数量庞大，包括多种苔藓。在土壤表层常常能见到黑色隐花壳状植物——黑色壳状地衣与蓝细菌的混合。在高北极地区厚厚的苔藓和干缩裂隙中，维管（束）植物的幼苗竭尽全力地生长，那里更湿润，而少有针状冰。植物的幼芽因夏季土壤干燥而死，比因冬季寒冷而死的情况更常见。

在伊丽莎白女王岛有大面积的高北极极地荒漠，主要生长着草本植物，与半荒漠的植被一起形成马赛克图案。这一地区98%的面积是裸露的土壤和岩石。高北极极地荒漠的形成由许多因素决定，如土壤得不到发育，营养含量少，有针状冰，地表干燥以及短暂的生长季等，都可能导致荒漠形成。在干缩裂隙或者图形土的石头附近生长着少量的维管（束）植物，包括葶苈属植物、生根罂粟莲座丛、红蚤缀属植物和紫色虎耳草属垫状植物。隐花植物只占1%，与主要生长隐花植物的半荒漠形成鲜明的对比。在130年～430年前的小冰期时期，荒漠极有可能被冰覆盖。这一地区的岩石上没有地衣生长。

动物　北美洲哺乳动物具有典型的极地冻原特征。驯鹿是低北极地区的主要大型食草动物，麝牛出现在更高的纬度。麝牛在莎草冻原的草地上吃草，在冬天，它们用蹄子刨开20英寸（约50厘米）厚的积雪寻找食物。在低北极地区，小型食草动物有北极兔、棕旅鼠、环颈旅鼠和北极地松鼠。西伯利亚旅鼠以湿地的禾草状植物和苔藓为食，而环颈旅鼠则吃较干燥地区的非禾本草本植物和矮生灌木。环颈旅鼠生活在低谷中有深雪的中心凸起的多边形土上，数量众多，生存条件较为恶劣。每年产崽的窝数少于生长在低北极地区的近亲。它们的主要食物是山仙女木、深绿色的柳树和紫虎耳草属植物。北极兔在低极地地区很常见，以柳树为食。

低北极地区的肉食动物棕熊有时冒险进入冻原区域，主要是为了吃

图2.7　在高北极地区筑巢的雪雁（美国鱼类及野生动物服务组织提供）

植物的根和草。以旅鼠为食的体型较小的肉食动物有伶鼬和短尾鼬。在高北极地区，旅鼠数量较少，孵卵的鸟也不多见，所以无论是按照种类还是总数，在此栖息的肉食动物都不算多。在高北极地区仅有短尾鼬生存。北极狐在低北极和高北极地区都能见到，偶尔也能见到北极狼。狼成群捕猎，能够捕捉到较大的动物，如驯鹿。狐狸主要捕食小型哺乳动物，也会跟踪北极熊出现在浮冰上，享用北极熊吃剩的海豹肉。肉食鸟的数量超过肉食的哺乳动物。低北极地区肉食鸟的数量随旅鼠数量增减的年份周期而变化，包括白猫头鹰、贼鸥、北极鸥和短耳鸮。白猫头鹰在早春时节从越冬地第一个来到这里，其他的鸟则在雪融化的时候才返回冻原地区。除短耳鸮外，其他的鸟也生活在高北极地区。在冻原上度过整个冬天的肉食动物是伶鼬、短尾鼬和北极狐。北极熊只有夏季才在冻原地区生活。

　　松鸡在这两种生态环境中都很常见。柳松鸡是低北极地区的主要物种，柳树灌木是它们食物的主要来源。岩松鸡是高北极地区的主要物种。雪雁在高北极地区繁殖，在沿美国西海岸地区过冬（见图2.7）。在低北极地区还栖息着一些其他的鸟类，这也是北极冻原的特征。

格陵兰岛冻原

　　从北纬59°46′到北纬83°04′，格陵兰岛跨越23个纬度，是地球上最北的陆地。格陵兰岛的气候变化相当大。在气温和降水方面，明显形成从北到南的梯度，特别是冬季。格陵兰岛80%的面积为冰雪覆盖，实际上它是被埋在冰雪里的岛屿。离冰盖最近地区的气候具有大陆性，沿海地区的气候，主要受从东海岸和南海岸来的寒流，以及离开西海岸的南部第三暖流的影响。东海岸的夏季更冷。

　　来自冰盖的冷辐射在格陵兰岛北部造成了持续高压，而南部则经历着气旋风暴，气旋风暴沿着西海岸向北横扫冰盖。西南海岸位于极地与海洋气团之间产生的气旋风暴带中，年降水量为30英寸（约760毫米）以上。与北极的其他地区相比，沿海地带的气候比较温暖湿润。北部（北纬81°36′）是最冷的地方，年平均气温2.5℉（约−16.4℃）。南海岸年平均气温在0℃左右。夏季，峡湾内部的气温比海岸高，下坡风有加温的作用，受海洋的影响也少。虽然这些大风起源于冰盖，但它们向下刮时会提高温度，使环境温暖干燥，在几分钟之内就能将气温提高35℉（约20℃）。在冬季，气温上升雪开始融化，积雪少的地方的植被会受影响。在积雪深的地方，只有表面融化，重新结冰时会形成冰壳。内陆降水少，有积雪的季节短，温度更具有大陆性，也就是说，夏季气温高，冬季气温低。对于那里的植物而言，较温暖的生长季很重要。

　　格陵兰岛北部是极地荒漠，年平均气温低，风大，降水少，蒸发多。格陵兰岛的地貌和历史影响着那里的植物和动物区系。在更新世时期，几乎全部被冰覆盖，在近一万年前才有部分露出。对大多数生物而言，冰盖是一大障碍，它限制了植物和动物的拓展与分布。没有冰的大陆边缘被峡湾和冰川分为半岛和岛，限制了动物的迁徙行为。格陵兰岛上的植物和动物比北极其他地区少。驯鹿、北极兔和北极狐出没在格陵兰岛的无冰地方。北极狼、短尾鼬、环颈旅鼠和麝牛是高北极的格陵兰岛特有物种。

格陵兰岛的大多数哺乳动物起源于欧洲，它们通过白令海峡，到达北美洲，然后迁徙到格陵兰岛。从植物和动物的分布可以看出曾有三条迁徙路线。从北美洲经由纳拉斯海峡的艾兹米耳岛到达格陵兰岛的路线主要是高北极动物的迁徙路线。从北美洲经由巴芬岛和拉布拉多地区的戴维斯海峡到达格陵兰岛的路线是低北极和北方动物的迁徙路线。其他的低北极和北方动物是从欧洲经由北大西洋岛屿迁徙到格陵兰岛的。候鸟的越冬地点显示出它们大概的起源。麦鹬之类的鸣禽在热带非洲过冬，它们极有可能是从欧洲大陆移居到格陵兰岛的。雪鹀从格陵兰岛东北部出发，飞到俄罗斯南部草原和大湖区过冬，表明它们有可能从东部和西部移居到格陵兰岛。格陵兰岛白腰朱顶雀在北美洲和欧洲过冬，表明它们有两个定居地。拉普兰的白颊鸟在北美洲过冬，极有可能也是从北美洲移居到格陵兰岛的。

从欧洲迁徙到格陵兰岛的任何物种都具有海洋特征或是对海洋十分适应。欧洲原有大陆特征的一些物种，西迁到格陵兰岛后也具有了海洋特征。而从西部和北美大陆迁徙到格陵兰岛的植物区系仍具有大陆特征。格陵兰岛南部和东南海岸的植物区系多半具有欧洲特征，气候特征与欧洲西北部的气候相似。格陵兰岛西部的植物区系则与北美大陆的植物区系相似。

格陵兰岛的冻原植被因地貌和气候而不同。大部分无冰区是多山的，绵延起伏的高地、深陷的冰川低谷，形成了当地的气候和栖息地。与北极其他地区的地貌相比，格陵兰岛的地质情况也呈现不同特征，基质有不同种类的岩石和沉积物，土壤是灰化土、北极棕土和极地沙漠，所含的有机物很少。干旱使一些土壤盐分增加，盐壳由夏季过度蒸腾形成。湿润的土壤上生长着莎草和草。在格陵兰岛的中西部和东部宽阔平坦的山谷中才可见到稀疏的苔藓。

　　峡湾的内陆一端更具大陆气候特征，7月平均气温超过50℉（约10℃），生长着丘岗桦木和格陵兰桉木的小灌木丛。在植物生长的极限以北——格陵兰岛中西部和东部的玄武岩地区的温泉附近生长着柳树灌丛和许多种草本植物。在气候寒冷阶段，温泉栖息地对冻原植物起到了避难所的作用。

　　大多数植物和动物对生态环境要求较高。涉禽既需要无雪的筑巢地，又需要大量的昆虫作食物。满足这两个条件的唯一地方是斯科斯比湾北部。再往北，食物太少；再往南，积雪太多，并且寒冷的夏季会限制昆虫的生长。因此，大部分格陵兰岛的涉禽生活在高北极而不是低北极或亚北极地区。格陵兰岛东部栖息的松鸡根据食物供给量大小进行迁徙。它们在内陆的峡湾附近度过夏季的繁殖期，在那里，它们以母体发芽的拳参为食，吃富含蛋白质的珠芽。在短暂的夏季，它们紧随开花的拳参进入山区。在冬季，它们迁徙到外海岸的开阔高原和平原上，那里的植被上的雪被风吹掉，它们可以吃到山仙女木、极地柳、紫色虎耳草属植物和拳参珠芽。当品质高的禾草状植物出现时，生活在格陵兰岛西部的驯鹿从沿海的过冬地迁徙到内陆地区产崽。

　　格陵兰岛的三个地区，科学家进行了深入的研究，另外两个地区为生物提供了重要的栖息地。被认为是亚北极的格陵兰岛南端灌木多。在有积雪地方生长着大约5英尺（约1.5米）高的桦树。然而，它们不结种子，进行无性繁殖。植被底层是矮生灌木、草和非禾本草本植物。早在1000年前，这里的大部分地区和栖息地已被人类开发、砍伐，用作农用地和牧场了。

　　在北纬66°的西南海岸的南斯特伦菲尤尔地区具有明显的大陆–海洋

梯度的低北极地区。西部是4500英尺（约1400米）高的有冰川的高山，它使东部的低山和U型山谷处于雨影里。地势对降水梯度、气温、降雪的持续时间的影响，可以从植被上反映出来——从海岸上的草甸和矮生灌木到干燥内陆里杂有盐洼地和湖泊的草原。在夏季，内部峡湾更温暖，生长着以柳树和桦树为主的矮灌木群，形成高达2英尺（约0.6米）的林冠。这一大片地区是格陵兰岛驯鹿最重要的领地。它们在那里吃草，把蓝柳灌丛变成了早熟禾属植物。由于没有像狼这样的肉食动物，植被遭到驯鹿的过度啃食。

在北纬70°的斯科斯比湾以北、格林兰岛东部的詹姆士兰是从低北极向高北极的过渡带。向西伸展的和缓的高原是一大片低地，有陡峭湿润的斜坡和内陆山谷，气候是温暖干燥的大陆性气候。在海拔1300英尺（约400米）的地方，主要生长着亚灌木石楠植物，维管（束）植物占20%~75%。优势物种包括北极轮生叶石楠、笃斯越橘和高山杜鹃。潮湿的地方有苔藓分布。在距离海岸6英里（约10千米）的范围内，雪层植被里有毕格罗莎草、拳参和极地柳。比较干燥的东部，有开阔的亚灌木石楠植物。东部更干燥的地方是荒原，有高山熊果、山仙女木、极地柳和苔藓剪秋罗属植物生长。对麝牛来说，詹姆士兰是世界上非常重要的区域。冬季的觅食地几乎没有积雪，而夏季觅食地则生长着丰厚的非禾本草本植物。这个地区为粉脚雁和北极雁在夏季褪毛提供了重要保护。它们的栖息地和给养区是分开的——粉脚雁在视野开阔的海岸和河流沿岸栖息，北极雁在被山环绕的较小的河流和湖泊上栖息。它们都以莎草为食，但吃的是不同草地上的莎草。

迪斯科岛是远离西-中央海岸的岛屿，大致位于北纬70°。它是高耸的（高达5900英尺，约1800米）玄武岩高原，被U形的山谷和陡峭的斜坡分开。岛的西边是高北极海洋环境，凉爽、多雾。植被是长满苔藓的石楠属植物，以极地柳和北极轮生叶石楠为主，还有草本植物生长。朝南的斜坡上生长稠密的非禾本草本植物和蓝柳灌丛，尤其在温泉周围，温泉水温达到50°F（约10℃）。在这些栖息地，越往南的地区物种长得越好。在欧洲大陆北端北纬83°的佩里兰也有一个高北极生态环境。海岸附近的降水以雪的形式出现，降雪不足8英寸（约20厘米）厚，向内陆减少到不足1英寸（约2.5厘米）厚。雪被风吹起，大片原野就裸露出来。干燥的内陆有山仙女木、石楠和禾草状植物生长。被风刮在一起的雪堆是夏季唯一的水分来源，为莎草、羊胡子草、北极轮生叶石楠和苔藓在内的稀疏植物群落提供了水分。这两个地区的植被覆盖不足5%。在频繁下雾、较为潮湿的北极海岸，在图形土的裂隙里生长着苔藓和地衣。

欧亚大陆冻原

芬诺–斯堪的纳维亚半岛　在芬诺–斯堪的纳维亚半岛（包括挪威、瑞典和芬兰在内的半岛）上几乎没有永冻土层，年平均温度在冰点以下，夏季的气温低于50°F（约10℃），具有冻原生态环境的特征。半岛上大部分山脉的主脊高度适合高山冻原存在，北极区域和高山区域在北部合并（见图2.8）。芬诺–斯堪的纳维亚半岛适合亚半岛处于大西洋暖流与寒冷极地气团之间的风暴路径上。沿海地区以海洋性气候为主，而内陆高山的背风面较干燥，具有大陆性气候特点。例如，在挪威南部地势最高的哈当厄尔高原的西部有60英寸（约1500毫米）的降水，而东部的降水只有20英寸（约500毫米）。由气旋风暴引起的秋季降水能够到达

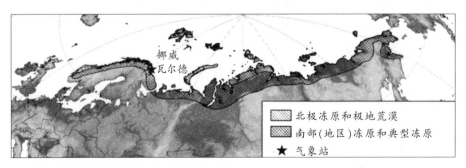

图 2.8　芬诺–斯堪的纳维亚半岛除高山之外，欧亚大陆的北极冻原只限在狭长的沿海地区　（伯纳德·库恩尼克提供）

海岸，夏季的对流雨会把湿气送往内陆，东北部降水最少。在挪威的凯于图凯努，每年只有12英寸（约300毫米）的降水。除沿海地区外，冬季时温度下降到-40℉（约-40℃）。生长季大约120天，而在哈当厄尔高原只有74天。大部分地区被积雪覆盖的时间超过200天，但积雪的深度和覆盖的面积会随风力变化，从几厘米到几米不等。积雪融化的时间会

冰 岛

冰岛位于北纬65°北极的南部边界上。冰岛基本上是熔岩高原，那里的植物因受许多因素影响而分布复杂，包括峡湾、孤峰、熔岩流、冰川、风成砂沉积物，以及自公元900年开始的移民活动。几个世纪以来，高地已经被用作绵羊的夏季牧场。冰岛这块小陆地受到暖流的影响，相对于它所处的纬度来说，气候温和。7月平均气温为45℉（约7℃），1月只有19℉（约-7℃）。相对于北极地区整体而言，降水多，有25～50英寸（约600～1200毫米）；积雪深，平均40英寸（约100厘米）。由于冰川作用和火山活动使土壤或起伏，或平缓，有被冰碛物覆盖的冰碛、冰水沉积或熔岩流。植物群落与大陆的北极生态环境中所见到的相似，但略有差异。玄武岩限制了土壤的酸度，在熔岩流上几乎见不到泥炭藓生长，也几乎没有石楠生长。在石楠植被中，地衣长势不好，部分原因是驯鹿的啃食。北极狐分布广泛，是当地唯一的哺乳动物。北极狐有两种：一种在冬季变为白色，而另一种是全年为清白色。在20世纪30年代引入并用于皮草业的人工养殖的貂，现在只能在有植物生长的高地而不是贫瘠的高原上见到它们。驯鹿是外来的物种，据估计大约有4000只。本土没有小型哺乳动物。田鼠也是被带来的，现今人们也不知道它的野生分布情况。鸟类区系丰富而多样。在高原聚居地上栖息着大约8万只粉脚雁，1万只大天鹅沿着湖泊和池塘繁殖。

影响生长季的长度，一些地方的积雪在整个夏季都不会融化。

对植被带能够进行清晰的定义是芬诺-斯堪的纳维亚冻原的特点。亚高山带包括北方森林的上限或北界限，那里是丘原桦树生长的林线，这也是俄罗斯、冰岛和格陵兰岛的北极冻原的特点。林线从挪威南部（北纬61°）海拔4000英尺（约1200米）的地方到北方的海平面逐渐发生着变化。桦树弯曲的树干不足30英尺（约10米）高，这个地带相当于北

北极的煤矿开采

斯瓦尔巴群岛位于挪威与北极点之间，在17世纪、18世纪是国际捕鲸基地。你也许认为这个位于北纬74°81′的群岛会寒冷刺骨，荒无人烟，但由于北大西洋暖流流经这里，所以气候温和。这里夏季平均气温是40℉（约4.4℃），而冬季的平均气温为7℉（约-14℃），植物具有北极地区的特点。这个群岛的自然资源丰富，煤尤其多，野生生物也多。自1920年它已经是挪威的一部分，目前只有挪威和俄罗斯的公司在这里采煤。煤矿企业或相关服务业雇用了当地一半以上的人口（在2005年总人口为1701人）。大约60%的土地覆盖着冰川和雪原，大块浮冰经常阻塞通往港口的入口。这里只有一种啮齿类动物，是占据着鸟类栖息的悬崖的老鼠，可能是外来的物种。这里几乎没有无脊椎动物，特别是没有叮咬驯鹿的虫蝇。北极狐是唯一的肉食哺乳动物，它们捕食鸟，也吃腐肉。当地特有的两个动物亚种是斯瓦尔巴群岛驯鹿和岩松鸡。驯鹿大体上是从格陵兰岛的东北部和加拿大群岛移居来的，与外界隔绝了4万年。在斯瓦尔巴群岛，哺乳动物很少见，但这里仍是北大西洋最大的鸟类集中区。在冻原筑巢的候鸟包括粉脚雁、北极雁和黑雁。在夏季沿海地区有时可以见到北极熊。在环境方面，大约65%的岛屿以自然保护区、国家公园和鸟类避难所的形式而受到保护。

美洲高山地区的高山矮曲林地带。在更具大陆性的地方，林线和高山矮曲林是挪威云杉、沼桦、欧洲刺柏和几种石楠物种，如苏格兰石楠属植物和蓝莓，构成了灌木层。垂头发草、席草和苔草属莎草组成了草本植物层。在较润湿的地区有苔藓生长，但在较干燥的地方地衣替代了苔藓。

　　低高山与亚高山相似，但没有树木生长。那里夏季温度较低，灌木长得特别小，有10英尺（约3米）降至8英寸（约20厘米）高。灌木丛有高的非禾本草本植物，如附子之类金凤科毛茛属植物、毛茛属植物、金梅草属植物和禾草状植物。在没有枯枝落叶层覆盖和树荫遮挡的地面层生长着苔类与叶苔类植物。在低北极最常见的石楠植物群丛主要有欧洲蓝莓，其下是苔藓植物构成的地面层。低高山带在较高海拔有机质累积少，它是泥沼的上限。泥沼植被包括多叶缬木、沼桦、羊胡子草、蔓状苔莓和泥炭藓。禾草状植物是在有雪层的地方生长的主要植物，在积雪覆盖较长时间的地方也会生长苔藓、色彩缤纷的高山地衣、藓类植物和毛茛属植物。在更具大陆性特征的地区，由冰岛苔藓和克拉多尼亚地衣组成枝状地衣地面层。

　　低高山带和中高山带的许多群落有一个上限（见图2.9）。中高山带主要是长着高地灯芯草的草地，及毕格罗莎草、羊茅和其他的禾草状植物，还有少量的石楠植物。这个植物带在芬兰境内消失。从低高山带到中高山带存在着一个过渡带，有几种植物群落在此消失。但是，在从低高山到中高山带的过渡带上，有许多相同的物种存在。在低高山带和高高山带生长的植物包括苔藓剪秋罗属植物、虎耳草属植物、有穗状花序的三毛草属草和苔属禾草状植物，还有高山酢浆草属植物和毛茛属植物。矮生柳树是高山带的唯一灌木，植物物种的数量随着海拔升高而减少。以苔藓和地衣为主的植物层不完整。泥流作用、多边形和条状地貌使得土壤岩石多而且不稳定，但足以供养繁多的维管（束）植物生长。

　　更具极地特点的植物区系存在于高山的尖峰上，而较纯粹的欧洲物种生长在海拔较低的地方。几乎没有植物是原产于这一地区的。起源于

图 2.9　挪威高山上的植被，在居德旺恩镇与芬诺–斯堪的纳维亚半岛北部的冻原交会　（作者提供）

北极西部的植物极有可能是更新世时期幸存下来的物种，它们在冰原的北部和南部的高山上避难。中部山脉由于海拔太低而被冰雪覆盖。一些物种只在高山地区才能见到，这正是它们避难所的位置。

芬诺–斯堪的纳维亚半岛上的动物比北极大部分地区种类多，这反映出动物与高山生态环境的联系。然而，不是所有的物种都能在北极和高山地区存在，这里几乎没有哺乳动物。野生驯鹿分别于1860年在瑞典、1900年在芬兰绝迹。现在，人们只能在挪威的哈当厄高原见到它们。然而，驯养的动物群分布广泛。小型哺乳动物包括挪威旅鼠，它们以大迁徙而闻名，还有鼩鼱和田鼠。由于缺少永冻土层，掘地动物比在北极其他地区更常见。在低–高山和中–高山地带，在溪流和泥沼附近的潮湿地区，可以见到根田鼠。其他的田鼠在别的地区栖息。雪兔在通往高山地区的路上随时可以见到，它们像松鸡一样，有着在（路边的）雪墙里挖洞取暖的习性。

当地的哺乳类肉食动物主要生活在高山生态环境中，但大多数的大型物种濒临灭绝。在过去，狼獾几乎灭绝了，不过现在受到了保护，它们主要分布在瑞典与芬兰之间的多山的边境。狼几乎灭绝了，只有一些棕熊仍生活在瑞典森林中。在亚高山和低-高山地区，猞狸是最常见的肉食动物，猞狸、棕熊和狼偶尔会冒险进入冻原地带。在北极和高山冻原常见到的较小的肉食哺乳动物是白鼬和其他鼬鼠、赤狐和北极狐，但北极狐几乎要绝迹了。肉食哺乳动物的数量随着猎物的数量波动。

鸟的数量很多，它们能否在当地生存取决于植被和栖息地。在潮湿的地方，以水鸟和滨鸟为主。大天鹅和豆雁生活在桦树林的湿地上，而绿头鸭更喜欢柳树围绕的较小的湖泊。柳松鸡在柳树丛林中栖息，而岩松鸡更喜欢石山坡。涉禽，如欧金（斑）鸻和红颈瓣蹼鹬，在沼泽周围和附近的石楠丛生的荒野上聚集。雀形目鸟，如雪鹀、草地鹨和麦鹟之类的鸣禽，经常有多个栖息地。

许多猛禽在猎物充足的时候才会繁殖，它们的数量与小哺乳动物的数量息息相关。毛脚鵟和短耳鸮捕猎啮齿类动物，而金雕和矛隼则捕食松鸡。在北极，旅鼠是雪鸮和长尾贼鸥的猎物。渡鸦既捕捉活的猎物，又吃腐肉。许多猛禽现在已受到法律保护。

欧洲普通蛙是林线以上唯一的两栖动物，但是即使在低-高山地区，它也是稀少的。爬行动物更罕见。常见的胎生蜥蜴居住在低-高山区，但是草蛇仅在亚高山地区生长。

俄罗斯　与纬度方向一致的冻原带局限于北极圈北部的欧洲大陆的北部狭长地带上。对这一地带下定义相当不易，因为不是所有的作者都使用相同的术语来为俄罗斯的北极地带下定义。这样要描述的有三类冻原(南部冻原、典型冻原和北极冻原)，还有向北的极地荒漠和向南的森林冻原。

俄罗斯所有区域的温度都会受到大陆度的影响（见表2.2）。它们的

表 2.2　俄罗斯北极冻原气候概况

气候特征	南部冻原	典型冻原	北极冻原	极地荒漠
年平均气温	10℉（约-12℃）	10℉（约-12℃）	10℉（约-12℃）	10℉（约-12℃）
1月平均气温	-15℉（约-26℃）	-15℉（约-26℃）	-15℉（约-26℃）	-15℉（约-26℃）
7月平均气温	48℉（约9℃）	48℉（约9℃）	39℉（约4℃）	34℉（约1℃）
年降水量	13英寸（约330毫米）	13英寸（约330毫米）	9英寸（约230毫米）	7英寸（约180毫米）
积雪深度	16英寸（约41厘米）	16英寸（约41厘米）	9英寸（约23厘米）	9英寸（约23厘米）
融冻层深度	33英寸（约84厘米）	30英寸（约76厘米）	21英寸（约53厘米）	16英寸（约41厘米）

年平均气温相似，1月的平均气温也相似，气温比再向南的更具有大陆性的北方森林的气温要高。冻原区域反映了7月平均气温的差异，从南到北逐渐变冷。森林冻原的7月平均气温为54℉（约12℃），高于冻原气温50℉（约10℃）的限度，这就是树木能够生长的原因。俄罗斯北极地区的西部和东部气温略高些，这两处离较温暖的海洋比较近，特别是西边有北大西洋洋流和巴伦支海。当平均气温升到0℃以上时，夏季就开始了。在南部的冻原地带夏季从6月初开始，但在极地荒漠地区，要推迟到7月初夏季才开始。在9月，气温下降到0℃以下。无霜期短暂，极地荒漠地区的无霜区有两个月或不到两个月，南部和森林冻原的无霜区为三个半月。俄罗斯西部北极地区由于受到不结冰的北大西洋的影响，它的无霜期较长，从5月中旬到10月中旬，长达四个半月到五个月。

降水量会随纬度、经度、地势和到达海洋的距离等因素变化。总的来说，极地荒漠最干燥，而冻原地带比较润湿。在泰梅尔半岛中部的高山上和巴伦支海岸上降水量最大，每年的降水量达到20英寸（约500毫米）。大约三分之一的降水发生在7月和8月的雨季。冷空气达到饱和状态快，相对湿度大，通常为80%~90%。

冻原地区的积雪存在时间长达200~280天，积雪时间最长的地方是寒冷的西伯利亚，最短的是较暖的西部。一般冬季降水量小，所以积雪不深。但是随着地理位置的变化，降水量也会发生变化。北部和极地荒漠地区降雪少，而较为平坦的南部冻原地区降雪多。欧陆俄罗斯积雪较深（厚达24英寸，约60厘米），那里的气候既温暖又潮湿。时常刮起的大风会将山脊上的雪吹走，使洼地堆满雪。在西部，5月初雪开始融化，但北极的岛屿上的雪6月末才开始融化。一些被遮挡的地区，整个夏天雪都不会融化。夏季降雪不多，短暂的降温，不会对植物造成损害。

典型的西伯利亚北极地貌是绵延起伏的平原，布满许多溪流、池塘和湖泊。除了最西部区域，其他区域的底层都是永冻土带，有多种类型的图形土。泥沼呈现多边形形状，直径达50英尺（约15米），泥沼的边缘有6.5英尺（约2米）宽、3英尺（约1米）高。边缘上面的深裂缝中充满了水。在冬季，裂隙里的水结冰，使多边形得以永久存在。在夏季，中间凹下去的泥沼中心会形成池塘或沼泽。一个泥沼可以由50~100个多边形组成。冻腾也常见，冰冻隆胀将裸露的土壤推向地表，就像沸水中翻滚的气泡一样。被推起的裸露的土壤顶部直径为25英寸（约60厘米），比之高4英寸（约10厘米）的有植被的土壤将其环绕。冻腾被狭窄的浅槽谷分开。整个地貌都由冻腾组成。30英尺（约10米）宽、1.5英尺（约0.5米）高的成群的小冰核丘是过去冰川作用的遗迹，小冰核丘创建了一个有连续植物覆盖层的丘状景观。大冰核丘直径有600英尺（约180米），高230英尺（约70米）。

融冻层深浅不一，总体上随着纬度升高而下降。最深的融冻层有50英寸（约130厘米）厚，位于南部冻原和典型冻原朝南的山坡上。泥炭沼泽的融冻层最浅，在南部有20英寸（约50厘米）厚，在北部只有8英寸（约20厘米）厚。

南部冻原是冻原和北方森林的交错区，也是林线的北部极限。在气候略暖的西部和东部，冻原区域最宽。这里树木生长稀疏，高山矮曲林和匍匐树木沿河生长。林线物种随着地理区域不同而不同，包括丘原桦木、长得像柳树的钻天柳、几种落叶松、西伯利亚云杉和蒙古杨树。这一区域的特点是有三层灌木群落。最高一层由较高灌木组成，有2英尺

（约0.6米）高，包括几种桦木和柳树，以及桤木和薄叶桤木。冬天的积雪深度会影响灌木的高度，雪提供的保护越好，植物长得越高。构成第二层的是有6英寸（约15厘米）高的矮生灌木，如北极轮生叶石楠、高山岩高兰和沼泽欧洲越橘。山仙女木等垫状植物、几种苔草属莎草和羊胡子草也常见于这一层。低的地面一层有4英寸（约10厘米）高，由种类丰富的枝状地衣和叶状地衣，还有苔藓和一些地钱组成。

除了比较典型的灌木群落之外，在其他的环境中也有一些植物群落存在。在面积大且平坦的区域，有被草地覆盖的沼泽，沼泽里生长着羊胡子草和莎草，以及喜水的苔藓，如湿原藓属和镰刀藓属苔藓。泥炭山由泥炭藓块构成。比较温暖朝南的坡地上是草地，草、豆科植物和其他非禾本草本植物等北极物种和北方物种在草地上混杂生长。按照地理位置，森林大群落中的残余小群落位于欧洲北极岛屿上或沿河地带上。小群落里有典型的林线物种。俄罗斯东北部有苔草属莎草和羊胡子草组成的草丛群落。

南部冻原是多种动物的聚集地。鸟类丰富，尤其是水鸟或滨鸟，如白额雁、黑雁、石鸻和鹬。在地面觅食或者游水觅食的野鸭也很常见。许多涉禽、雀形目鸟以虫为食，柳松鸡以杨柳茎和芽为食。

典型的哺乳动物是田鼠和旅鼠。野鼠在南部冻原分布广泛，尤其在欧陆俄罗斯，它们的存在使非禾本草本植物和草类增加。与相当少的猎物相比，肉食动物数量众多。北极狐、雪鸮、贼鸥和毛脚鵟都捕食旅鼠，它们的数量通常与旅鼠的生长周期紧密相关。只有当旅鼠数量达到最高值的时候贼鸥雪鸮才会繁殖后代。狐狸的数量也会在旅鼠数目达到高峰时增加。目前，人们尚不清楚旅鼠数量和鼬鼠数量之间的关系。

与多个生物地理区域邻近，导致了南部冻原物种的多种多样，在这里的动物和植物区系中，许多非北极因素都有体现，特别是在森林大群落中的残遗小群落里，在非北极因素中有多种北方森林苔藓、许多鸟类和昆虫。更具有北部冻原地带特征的植物，即使能够生存也会受到雪层

图2.10　俄罗斯的冻原特征是由一层厚厚的地衣、苔藓和苔类组成　（作者提供）

的限制。环极地物种占有优势，然而这里的地理变化比在北方冻原地带多。与欧陆俄罗斯相比，西伯利亚更具有北极特征。

典型冻原也被称为苔藓-地衣冻原，普遍生长着不足8英寸（约20厘米）高的低矮的苔藓和地衣（见图2.10）。这个地带完全没有树木生长，它的西部苔藓、地衣分布最广，东部分布零散。在河谷或保护区内有生长受到限制的矮柳树丛和半匍匐桦树与柳树。苔藓最突出，也最具有特色。苔藓在地面长成5~10英寸（约13~25厘米）厚的苔藓层。毛叶苔是在苔藓层中常见的共显性植物。许多物种组合在苔藓层中形成马赛克图案、苔藓草皮或是连续层，或是因受冻腾破坏而变成分散的小块。因为苔藓层厚，维管（束）植物必须有足够长的根茎才能穿透苔藓层到达土壤。苔草属莎草很常见，还有一些矮生灌木，主要有拉普兰轮生叶石楠、极地柳和高山水杨梅属垫状植物。也能见到与南部苔原一样的枝状地衣和叶状地衣。一些矮生石楠灌木在受到保护的地方生长，但在这样寒冷的地区它们很少开花。这个地带，与地理差异更大的南部冻原相对比，在植物区系方面，有更多的环北极特征，在物种和外表方面与俄罗斯北极地区植物区系相似。在河谷里有矮柳树灌木丛或喜水的矮生苔藓形成的地毯状覆盖层，还有一些开花的高山酢浆草属植物、毛茛属植物和虎耳草属植物。在比较干燥的荒原上，有山仙女木垫状植物，但没有苔藓。朝南比较温暖的荒原山坡草地上有许多种类的草和非禾本草本植物生长。

南部冻原的典型鸟类，如白额雁和石头珩，在典型冻原上见不到。没有灌木，依赖灌木的鸟或昆虫就不能生存。小型哺乳动物仅有旅鼠。苔藓是各种各样的无脊椎动物的家，包括跳虫、螨虫、蜘蛛和隐翅虫。稀疏的矮树丛几乎不能供昆虫生存。

在大陆海岸的西北部和北极岛屿的东部地区可以见到北极冻原。缺乏灌木，尤其大部分矮生灌木，简化了群落的垂直结构。苔藓草皮只有1~2英寸（约3~5厘米）厚，开花植物的营养体部分在苔藓内生长，花梗偶尔会长到3英寸（约10厘米）长，延伸到苔藓之外。植物生长不分层次，只有苔藓和非禾本草本植物的混合层。在典型冻原上常见的莎草科植物被草和非禾本草本植物替代，如羊胡子草。植物生长形态包括草皮、垫状植物和浓密的铺地植物。极小的矮生灌木极地柳受到苔藓层的保护，只有叶子长在苔藓层之外。山仙女木只有在荒原上才能见到，地钱踪迹难觅，取而代之的是大量的钩枝镰刀藓。除了泥炭藓，其他主要苔藓与典型苔原上的苔藓相同。枝状地衣被壳状地衣取代。有50%的地表裸露着，植物不能形成完整的植被。植物会在永冻土作用后形成的裂缝中找容身之处，形成多边形植被。如果积雪融化太迟，植物就无法生长，洼地就会裸露。在北极冻原几乎没有更多的栖息地供养不同的植被。朝南的斜坡有植物区系存在，就像普通植物群落一样。

最北部的北极生境——极地荒漠，范围有限，主要分布在那瓦亚赛米拉的北半部和北极岛屿西部，以及在泰梅尔半岛的柴卢斯昆角。这个极端生态环境的特点是夏季温度低，几乎没有降水，活土层浅，并且生长季短。这里生物差异小。在当地的植物区系中，维管（束）植物种类大约有50种，其中一半在北极冻原，四分之一在典型冻原。生物差异小也体现在苔藓和地衣上。多达95%的地面裸露；只有多边形土的裂缝中才有植被，以隐花植物为主。枝状地衣包括冰岛衣属种、雪岛衣和蠕虫地衣，梅花衣属地衣是重要的叶状地衣。苔藓层只有2英寸（约5厘米）厚，没有分层。开花植物稀少，只在苔藓层内或苔藓层之上能见到。在整个极地荒漠，完全相同的物种组成占主导，植被只在密度上有变化，这与栖息地有关。在这一地区只有两三种陆地鸟类筑巢。在这个冻原带上没有蚯蚓、蜘蛛、甲虫、叶蜂或大蚊生存。

驯鹿是欧亚大陆冻原最多的大型食草动物。它们有时过度啃食植被，但野生的驯鹿群对冻原植被影响不大。野生和驯化的驯鹿的冬季草场大多数在北方森林北部或者北部边缘上。驯鹿在迁移过程中，饮食会有所改变。在泰梅尔半岛和北方的繁殖地，它们以草和非禾本草本植物为食；在南部冻原，它们吃莎草科植物，包括羊胡子草和柳树；在北部森林越冬地，它们以地衣为食。新西伯利亚群岛、那瓦亚赛米拉（Novaya Zemyla）和西比里亚科夫岛上的驯鹿在整个冬季依靠吃极地柳的树枝和芽生存，那里没有灌木、地衣或者草甸群落。驯鹿会选择多个觅食地，对冻原植被几乎没有损害。对植被的践踏仅发生在它们集中路过的地方，如湖泊或者河流之间的大陆桥。

南极洲冻原

南极洲大陆面积大，由两个地理区域组成（见图2.11）。东南极地区是稳定的大陆盾，由变质岩和沉积岩构成。西南极地区是多山带，包括南极半岛。斯科舍岛弧有悠久的火山活动历史，它是远离半岛西北部的一系列山峰形成的多个岛屿。它向北延伸直到南设得兰群岛，向东北延伸直到南奥克尼群岛。南三明治群岛和南乔治亚岛几乎延至南美洲。南

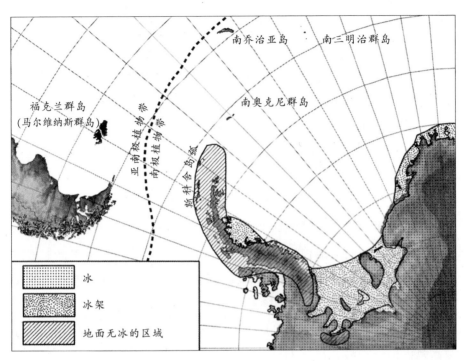

图2.11 南极洲的冻原只存在于很小的无冰区域 （伯纳德·库恩尼克提供）

极洲的无冰面积不足5%，大部分裸露的地面出现在沿海、岛屿和南极半岛的狭窄的沿海带上。那里的海洋会使气候温和，也能见到干燥的山谷和冰原岛峰（冰上面的山）。

　　南极冻原生态环境的北部边界以50°F（约10℃）2月等温线界定最适合，它处在南大洋寒流与来自北方的温暖的水域交汇的纬度，这里浮游生物和海鸟的种类开始变化。它也是大致在南纬55°～南纬60°的南极锋带所处的位置，极地空气与中纬度空气在这里相遇。除了南美洲的最南端，亚南极带处在这些纬度上，它是从南半球的凉爽的温带气候到南极洲环境的过渡带。亚南极带和过渡带也包括地处印度洋的南纬50°的凯尔盖朗群岛和南大西洋的南纬54°的南乔治亚群岛。南极洲，被再分为北区和南区，包括地处南纬58°的南三明治群岛和地处南纬55°南大西洋的布韦岛。同北极一样，这里年平均气温在0℃以下。

因无冰区的范围小、气候恶劣、气候发展变化以及地理隔离等原因，与北极的相似纬度相比，南极洲的陆生生物种类少。在冰河覆盖时期，一些生物体在这里消失，它们不能再度回到这块大陆上。在温和的亚南极带，植物种类较多，有24种禾草状植物，32种非禾本草本植物，250种苔藓，150种苔类植物和300多种地衣。南极北部地区只有1种禾草状植物，1种非禾本草本植物，75种苔藓，25苔类植物和150种地衣。在南极大陆上只有两种开花植物生长，即南极漆姑草和南极发草，它们的生长区域最南达到南纬68°12′。阳光充足的朝北斜坡是可形成草坪的苔原和维管（束）植物生长的唯一地区。南区的植物种类减少，有30种苔藓、1种苔类植物和125种地衣。那里没有禾草状植物或非禾本草本植物生长。热度、强风、水分、基质、斜坡、氮，以及鸟类和哺乳动物的侵扰，决定了在特定的地点可以有哪些种类的植物生长。

在北部或沿海区域——包括南极半岛的西北部及其附近岛屿、斯科舍岛弧内的一些岛，在夏季只有一个月气温在℃以上。这一区域的南部边界在夏季最热的1月份，平均气温达不到0℃以上。沿海地带相当湿润，尤其在北方，至少有20英寸（约500毫米）的降水，相对湿度经常在80%以上。尽管土层浅，但冰冻作用、泥流作用和泥炭积累也常见。南极半岛的西海岸相对潮湿，可供100种地衣生长，而比较干燥的东海岸地衣种类则很少。在沿海区域有两个主要生物群落存在，一个是草-苔藓组合，一个是地衣。南极洲的两种开花植物在这个组合中占主导地位，并且仅限于这一地区生长。位于海拔低于350英尺（约100米）的朝北的山坡和一些受到冬季积雪保护的平坦的区域，生长着草、苔藓、地衣和苔藓植物。对地衣和苔藓组合的细划基于地衣与苔藓的不同种类和不同比例。壳状地衣和枝状地衣同苔藓垫状植物共存。苔藓群落包括金发藓，由3.3英尺（约1米）厚泥炭积累的草皮，或由镰刀藓属（苔藓）、青藓属（苔藓）和枪穗藓属（苔藓）组成的薄薄的苔藓毯。潮湿地区会有钝尖藓、湿原藓属（苔藓）和镰刀藓属（苔藓）组成的苔藓毯。枝状地衣包括松萝属种，叶状地衣包括丽石黄衣。在岩石表面可以见到岩黑藓和两种壳状地衣。

南部区域或称大陆区域位于半岛的南部和东南部，半岛的附近岛屿以及有限的沿海地区。在冬季，海冰包围着海岸的大部分，有些冰即使在夏季也不融化。这里最热月份的平均气温从未达到0℃以上，只有5°F（约–15℃）。内陆区域气温更低，1月的平均气温为10°F（约–12℃）。这一地区比较干燥，只有6英寸（约150毫米）的降水，几乎全部是降雪。土壤寒冷、干燥，无法形成固定的地表，缺少有机质层。还有一些原因，如植物生长季短，风大，积雪被风吹走，积雪长久不融化以及土壤含盐量高等，都对植物的生长有限制。朝北的斜坡上植被多，它们能获得更多的太阳辐射，来自融雪或冰川的水，以及鸟类或海洋哺乳动物的粪便中的养分。对大多数有机体来说，这里的条件太苛刻。但是，蓝细菌、藻类、地衣和几种苔藓却能在这里生存。苔类植物罕见，也没有开花植物生长。大部分裸露地表，可见到壳状地衣。许多地衣为这一地区所特有。有些地衣是世界范围内生长的，有些只在北极地区能见到。在条件最适宜的时候，地衣需要100年的时间只能长0.4英寸（约1厘米）。壳状地衣生长在岩石的空隙中。

南极洲没有陆地哺乳动物、鸟类、爬行动物或两栖动物。没有陆地哺乳动物或鸟类在亚南极的佐治亚岛以南的地方繁殖后代。陆生动物只有无脊椎动物，如轮虫、线虫、水熊虫、螨和跳虫。在夏季，50多种海鸟和海豹在大陆上或海岛上繁殖。信天翁、管鼻藿、海燕和海鸥等长途迁徙到这里。其中信天翁有5种，海燕有10种，还有北极燕鸥和南极燕鸥。沿海的鸟类包括贼鸥、鸬鹚、燕鸥和南极海鸟。贼鸥在陆地上觅食，它们从海鸟的繁殖地偷鸟卵。由于无雪覆盖的地方少，鸟的繁殖地比较集中。

海洋生物数量巨大，如浮游动物、头足类动物和鱼类，它们供养着在岛上生息和繁殖的动物，尤其在斯科舍岛弧上的海狗和南方海象。夏季，大部分沿海的不冻区被鸟和海豹利用，它们通过粪便把养分从海洋传输到陆地。

在世界上的17种企鹅中，只有4种在南极洲繁衍后代：阿德利企鹅、帝企鹅、帽带企鹅和巴布亚企鹅。阿德利企鹅和帝企鹅最常见。其他种类的企鹅，人们可以在亚南极岛屿、西南非洲，甚至在加拉帕戈斯群岛上赤道所在位置见到。所有企鹅都不会飞，它们的短翼可以推动它们以每小时25英里（约40千米）的速度在水中行进。它们的流线型身体里有一层厚厚的油脂作隔热层，结实的骨架帮助它们在大洋的水中运动。浓密的羽毛形成防水层。它们主要是从浅水中捕食磷虾，以及深水中的鱼、鱿鱼等。为了登上陆地或是升起的贴岸冰，它们可以从水中跳起几米高。尽管它们走起路来摇摇摆摆很笨拙，但它们为了到达祖宗传下来

帝企鹅

帝企鹅身高超过3英尺（约1米），体重88磅（约40千克），是世界上最大的企鹅。它们潜入深水中捕食鱼、鱿鱼和甲壳纲动物，可以在700英尺（约200米）或更深的水中停留长达20分钟。在冬季，帝企鹅在大陆边缘的海冰上生育繁殖，它们不筑巢，它们把卵放在脚上，用一层被称为育雏袋的皮肤为卵和小企鹅隔热保暖。雌企鹅在5月产下一枚蛋后，返回大海，留下雄企鹅在黑暗中孵卵。两个月的孵化期以后，当雌企鹅回来时，雄企鹅的体重会减少三分之一，它必须走上60英里（约100千米）才能到大海去觅食。雌雄企鹅轮流喂养小企鹅。这个过程一直持续到来年1月份，这时小企鹅已经能自己走向大海，开始独立生活了。冰况对繁殖的成功是重要的。如果从繁殖地到大海的距离太远，企鹅就没有足够的体能来喂养小企鹅。如果海上的冰在春季裂得太早，小企鹅就不能为在茫茫大海上生存做好充分准备。

的被称为企鹅群栖息地的巢，可以在岩石、冰或雪上走上几千米。如果地表有积雪覆盖，它们就利用其滑行下山以节约能量。一些企鹅有领地意识，它们的巢的间隔是无雪覆盖的岩石海岬上的松散小石头堆。正常情况下，一次孵的卵有两枚，然而只有一只小企鹅会活下来。虽然健康的成年企鹅没有像陆地的肉食动物那样的天敌，但有几种鸟会掠夺企鹅卵，捕食小企鹅。

　　脆弱的生态系统很容易被污染和破坏。在过去100年里，人类在南极所建立的研究站和基地破坏了很多的冻原，在南极半岛及其邻岛上的冻原破坏尤为严重。

第三章
中纬度高山冻原

中纬度地区是指北回归线与北极圈之间，南回归线与南极圈之间的区域。总的来说，由于太阳倾角和日照长度从夏季到冬季发生了变化，中纬度地区的温度就有了季节性变化的特点。中纬度高山冻原是指高山林线以上的生物带。大多数欧亚大陆和北美洲的高山冻原与北极的高山冻原相似，但植物区系更为丰富。中纬度高山生物带在南半球范围有限，尽管生物种类十分不同，植物生长形态和生态环境仍与北半球的相似。山顶上小面积的高山生态环境很难在世界地图上显示。

从某种意义上说，海拔高度酷似纬度，但在北极和高山生态环境之间存在着许多巨大的差异。两个地区年平均气温都很低，生长季短暂，都经历着季节性变化，夏季太阳倾角大，冬季太阳倾角小，致使温度发生季节性变化。但两个地区的光变化规律不同，高山地区白天与黑夜的长度随着纬度变化而变化，从来没有出现过24小时的极昼或极夜现象。虽然高山地区有永冻土存在，但是由于高山地区很少有大面积的平坦土地，因此不会出现北极地貌。在陡峭的中纬度高山上常有雪崩和岩崩发生，但在北极广阔的区域，这些现象很少见甚至根本不存在。

高山自然环境

中纬度高山气候

所有的高山地区都有共同的气候特征，其中许多特征相互联系。最重要的气候特征是大气压力、气温和空气含水率。空气密度随着海拔增加而减少，在8550英尺（约2600米）的高度，空气压力比海平面低26%；在19000英尺（约5800米）的高度，空气压力比海平面低50%。空气密度小意味着植物在进行光合作用时所需要的二氧化碳含量低。气温随着海拔以每上升1000英尺下降3.5℉（约6.5℃/千米）的速度下降，这就是人们所说的气温垂直递减梯度。然而，实际的气温垂直递减梯度会随着内陆或沿海的位置、纬度和天气的不同而变化。尽管有时相对湿度高，但高山空气常常十分干燥。稀薄的空气中几乎不含水蒸气，低温会抑制蒸发。地面气温比高山气温高一些，加大了蒸发和相对湿度的提高。

几乎没有长期的气候记录记载林线以上的中纬度地区气候。总的来说，土壤和空气温度低，生长季为4~10周。科罗拉多州博尔德市以西的尼瓦特山脉是大陆地区的典型高山气候（见图3.1）。按照气象站标准，即距离地面高度5英尺（约1.5米）的位置测量，在海拔1.23万英尺（约3750米）高的位置，年平均气温为25℉（约-3.9℃），7月平均温度为46℉（约7.8℃）。由于夏季干燥，内华达山脉的气温略高一点，而在沿海地区的高山地带，如属于喀斯喀特山脉的雷尼尔山降水较多，气温更温和。在短暂的生长季，近地面温度和极端温度的温差，对植物生长意义重大。8英寸（约20厘米）高的植物在7月所经历的白天最高气温是70℉（约21℃），而夜间最低气温是39℉（约4℃）。深度为8英寸（约20厘米）的土壤温度与土壤上面的空气温度相似。即使不考虑极端温度，从白天到夜晚的地面温度变化范围也有30℉（约16℃）。低温在中纬度生长季常见，但严寒温度却十分罕见。

大气候、中气候和小气候 很难对一个山区的气候进行概括，常规的气候统计和描述对判断气候有误导作用。高山气候可以按三个等级描述。大气候指一个区域的总的气候，如北美洲的喀斯喀特山脉和欧洲的阿尔卑斯山的沿海气候，落基山脉的大陆气候，北美大盆地和西藏的半荒漠气候。中气候会考虑相互有密切关系的因素的变化，如海拔、山坡

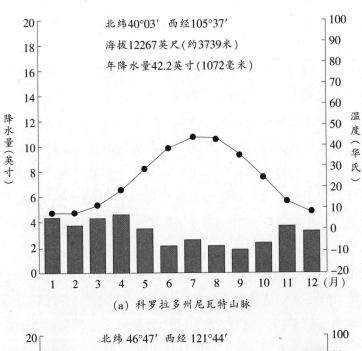

(a) 科罗拉多州尼瓦特山脉

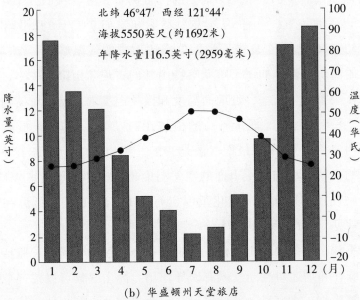

(b) 华盛顿州天堂旅店

图 3.1 (a) 科罗拉多州落基山脉南部的尼瓦特山脉是典型的中陆地区高山冻原；(b) 华盛顿州雷尼尔山上的天堂旅店所处位置降水较多，并且冬季较温暖，表明了海洋对它的影响 (杰夫·迪克逊提供)

陡度、朝向、风和水等，例如，与北半球朝南较热、较干燥的山坡相比，朝北的山坡更加阴凉，更加潮湿，它所提供的生态环境可以让森林以及因森林而形成的林线在海拔更高的位置上存在。

崎岖的地形会产生马赛克状的小范围内气候，这种气候每隔几米就会有差异。中生境和微生境与大气候不同，不能简单地用海拔高度来界定植物的生长极限。斜坡上的微气候比与海拔高度相关的气候条件更重要，植物生长所在的实际高度会比大家认为的正常高度高一些。岩石和植物丛会影响风和雪的形式。雪常常在挡风物体的背风处积存，会改变那里的微生境。例如，常有风刮过的西坡上的巨石背风处，朝东的微生境里，会有足够多的积雪保护植物，使它们免受极端气温造成的侵害。在世界最高的地方生长的维管（束）植物——雪莲，能在喜马拉雅山上2.1万英尺（约6400米）高的碎石坡上生长，那里的微气候提供的生长条件同它通常所在生长高度1.3万英尺（约4000米）的条件相似。太阳辐射、坡陡度、斜坡面或朝向是三个最重要的微气候因素。其他因素包括风速和植被上方的温度，以及土壤的结构、温度和湿度等。任何一个发生变化都可能影响其他因素。例如，太阳辐射量的差异会引起土壤温度、气温、积雪期和土壤水分等方面的差异，所有这些因素都对植被有影响。

辐射和温度   海拔高的地方空气稀薄，因此高山地区易受强烈太阳辐射的影响。晴朗地区的微气候和背阴处的微气候会经历不同的温度。背阴处所测量出的温度是稀薄大气的实际温度，而晴朗地区会因直接接受太阳光的照射而温暖。由于空气稀薄，每天气温都可能有极端变化。强烈的太阳辐射到达地球表面，被地面吸收，地表变暖。夜间，晴朗的天空使很多红外辐射通过大气层逃离返回太空，就会变冷。云量的增加会阻碍太阳辐射和红外辐射，缩小了白天与夜间和微气候的温差。积雪在白天会反射掉许多太阳辐射，同时也为地面隔热，在夜间阻止向外的地面辐射，减少温差。

太阳能集热器

当地面与太阳光线形成90°角时，地面会更有效地吸收来自太阳的能量。太阳能集热器以一个倾斜的角度来放置，使其尽可能直接截获太阳光线。由于太阳倾角在一年之中随纬度和季节变化而变化，所以集热器的倾斜度必须按照纬度调整，随着太阳在天空中运行的角度而进行季节性调整。为获得更高效率，太阳能集热器也可以全天候随着太阳从日出到日落的运行轨迹调整。高山地带的山坡不能随着太阳光线的变化而进行调整，但植物却能适应不同的斜坡和坡向所产生的不同的环境。

地面温度

地面会比大气更有效地吸收热量，也能很快地释放热量，因此地表温度从白天到夜间存在着巨大的差异。这是海滩上的沙子为什么在白天会特别热的主要原因。地面一整天都在吸收太阳辐射，热量会集中在地表。热量在夜间可以随时被反射回太空，引起地表变冷。在夜间，水平表面比垂直表面损失的热量多。霜会在汽车的挡风玻璃上形成，但不会在垂直的车窗上形成，因为越水平的表面损失的辐射越多，因而水平的表面就会变冷。

坡角和坡向 坡的陡度会影响阳光照射地表的角度。在高纬度地区，非常陡峭的山坡以近似90°太阳倾角的角度来吸收太阳热量，这就增加了山坡对太阳热量的吸收。山坡朝向也是导致温度变化的另一个方面。坡向影响日照的长度或者一年中阳光到达坡表面的长度。在北半球的中纬度地区，在夏季和冬季有太阳照射的时间里，朝南的山坡阳光明媚。朝北的山坡只在夏季的早晨或傍晚才能得到光照，而冬天得不到任何阳光。南半球刚好相反：朝北的山坡阳光明媚，而朝南的山坡处于背阴之中。因坡向而产生温差的极端例子在阿尔卑斯山上也可以测量到。在夏季，西南坡表面温度为176℉（约80℃），而东北坡只有73℉（约23℃）。阳光明媚的山坡从白天到夜间会经历较大的温度变化，山坡上的雪融化得也较早。

风　在中纬度地区，强风常常与高速气流流经区域或所处气旋风暴路径的地点相关。一些高山风大，而另一些高山风小。风大小与地形有密切的联系，在裸露的山脊上风最大。在生长着矮小植物的水平地面上，风比较弱。冬季，风会将雪重新刮起，从而影响到一个地区的水分。强风会加速升华，尤其在干燥空气里，会阻碍来自融雪的水分的获得，也会增加植物的水分蒸腾，这两方面都降低了植物的内部温度，从而使它们变干。风也通过混合不同气流层的空气而影响热交换，使地表在白天凉爽，而夜间温暖。

在地形起伏的地方，上坡风与下坡风日夜交替变化。在白天，气温急速上升形成低气压，从而引起空气上升，形成上坡风，在下午会频繁引起雷雨。日落之后，高山空气快速冷却，形成高气压，致使空气下沉并进入下面的山谷。下坡风又被称为斜坡下降风，在夜间通过置换暖空气，使山谷的气温比海拔更高的高山生态环境的气温低，从而引起逆温现象。这种逆温现象每夜都会发生，实际上颠倒了海拔越高气温越低的标准。逆温现象有助于微气候的形成。

降水　在中纬度高山地区，降水通常随海拔高度增加，这种现象一直发生到山顶。随着海拔高度增加，土壤水分蒸腾减少，温度更低，生长季更短。低温和低蒸腾会使空气饱含大量湿气。从全年来看，大部分高山地区有大量的湿气，但不要错误地认为所有的降水都可以被植物利用。降落在高山地区的多达80%的降水最终成为融雪径流或者渗入土壤和岩石，最后流淌进河流之中。因此，高山地区经常被认为是干燥的，分布范围广泛的植被进一步强化了这个观点。此外，在生长季期间，较高的气温会使接近地面生长的小型高山植物经历更多的蒸腾，常常导致夏末水资源的短缺。在一些中纬度高山栖息地，年降水总量低的记录或许是人为的监测错误。这些错误是由少数气象站对强风、水与雪的等价关系或者蒸腾的不准确的测定造成的。

积雪会保护植物，使它们免遭风和寒冷的侵害。在多风的无雪山脊上的植物群落比在堆满积雪的峡谷里的植物群落种类少。缺少积雪会使植物暴露于极端温度中，在白天太阳辐射无所不在，在夜间热量又以红外辐射形成释放回太空。在冬季，对阿尔卑斯山脉微气候气温的测量表明，植物在白天可以暴露于高达86℉（约30℃）温度里，在夜间处于低于14℉（约-10℃）的温度中。风伴随着寒冷的温度，常常会破坏或毁掉植物生长在积雪之外的部分，林线所在的高山矮曲林就是例子。然而，植物对风也有影响，它们能减少风速，引起积雪漂移，使积雪在背风处堆积。

土壤发育状况

中纬度高山冻原由于土壤温度低，土壤水分不均衡等原因，土壤发育缓慢，微生物活动受到严重抑制。大部分高山土壤经常受冰冻、侵蚀、沿坡滑移的侵扰，土壤中常有大块岩石与细小沙粒混杂在一起。岩石风化、冰河沉积和山崩会产生大块岩石。母岩风化、水侵蚀、雪崩和

高山冻原肉质植物

在处于所有气候带的高山地区都能见到肉质植物。高山石莲花生长在阿尔卑斯山上1.05万英尺（约3200米）高的地方，黄色红景天生长在落基山上1.225万英尺（约3700米）高的地方，两者都属于景天科青锁龙属。还有一种属于景天科青锁龙属的植物是恋人蔷薇，在委内瑞拉1.35万英尺（约4100米）高的地方可以见到。仙人掌也

生长在安第斯山脉的高处。一些植物长着灵活的平直的长刺，它们生长在1.4万英尺（约4270米）以上的地方，例如纸刺仙人掌。一些高山仙人掌和遍布整个安第斯山脉的被称为老人仙人掌的植物，表面长着一层起保护作用的白色的刺或毛，生长在秘鲁1.475万英尺（约4500米）高的地方。在高山生境中C_3植物占主导，依靠C_4或景天酸代谢（CAM）的植物非常罕见。林线通常是C_4植物的最上限，肉质景天酸代谢植物仅生长在炎热或干燥的小栖息地上。大部分高山肉质植物通过蓄水来应对地表干旱的问题。

风积会产生细粒物质。邻近低地或附近冰河的沉淀物被风吹起，落下的尘埃为当地岩石增加了原来并不存在的养分。土壤在小范围内也往往有变化——沙石、泥炭沼泽、浅石灰性土壤和高山草地深纵断面——变化有助于微生境的形成和发展。被风吹起的物质可能是草地土壤的主要组成部分，有限的水流不能为那里带走沉积物。垫状植物在风大的地方大量生长，它们能锁住沉淀物和养分，使植物和土壤更加富饶。细粒物质在大块岩石间的空隙中沉积下来，植物在那里发芽、生根。然而，如果土壤在岩石下面埋得太深，土壤的温度就不够高，难以供植物生长。因为植被稀疏，除草地和沼泽外，在高山土壤中有机质极其有限。

每天周期性发生的冰冻作用会干扰土壤的形成，使植物很难安定下来。在生长季期间，几乎每夜都产生的针状冰将植物连根拔起，搅乱苗圃。在一个周期内，冻胀力可以产生图形土和泥流作用。高山地带的大多数图形土在更新世时期就已经形成，只是现在不再活跃了。

在生长季之初，土壤大多会因融雪而变得湿润，雪深的地区或径流聚集的地区整个夏季都会饱含水分。即使在夏末雪融化之后，土壤表层干透了，植物也不会受到干旱的影响。在最湿润的高山上，土壤最上层有1英寸（约2.5厘米）的土也有可能干透，但深层的土壤仍会保留住水分，水会被扎根深的植物吸走。亚洲内陆帕米尔高原是最干燥的高山地区之一，年降水量不足12英寸（约300毫米），几乎没有积雪，土表干燥，相对湿度低。然而，长在高山半荒漠1.4万英尺（约4270米）高的植被却没有受到干旱的影响，在那里，对叶片水分损失和蒸腾速率的测量表明，植物得到了充足的土壤水分。

高山地区的土壤可以分为三类，第一类是渣土和粗骨土。渣土，是发育不好的岩质土或石质土，形成于山坡和山脊的裸露的岩石上；粗骨土，形成于松散的岩堆或碎石堆的岩体上。这两种土的唯一差异是母质的差异，两种土都很薄很干燥，没有明显的土壤层次。土壤上的植物群落通常以地衣、苔藓和垫状植物为主。第二类是高山泥炭和草甸土（或始成土），有30英寸（约76厘米）厚，有明显的土壤层。颜色较深的A土壤层包含细土粒，有机质含量相当多，而B土壤层颜色较浅，含有较少的腐殖质。泥炭和草甸土供草本植物和草生长，它们缠绕在一起的根上长着网孔。第三类沼泽土（或有机土），在洼地中或在有3.3英尺（约1米）深的渗漏饱和土壤的地方生成。长满苔藓的沼泽常常位于永冻土层之上并为其隔热，这导致了排水不良。在这类极湿的土壤中，缺氧的条件抑制了植物腐烂，并使沼泽土呈酸性。

植 物 适 应 性

高山植物生长形态主要为多年生草本植物、禾草状植物、丛生植物、垫状植物和矮灌木。禾草状植物（草和莎草）是潮湿栖息地的典型植物，丛生植物和垫状植物则生长在有风的山脊或缺少起保护作用的积雪的地方。垫状植物主要在因土壤温度低而导致植物茎的伸展受到抑制的地方生长。植物细小而密实的叶子有助于它们保持温度。在对种植在不同高度的相同植物所做的实验中，高山地带生长的植物与海拔低的地方生长的植物相比，前者更矮，生出的分枝花茎更少，叶子也更少更小。匍匐木质灌木，有的是常青的，有的是落叶的，如同地衣和苔藓类植物一样常见。在任何一个高山植物区系中，一般都有200～300种较高的植物。大多数植物起源于温带，主要属于玫瑰、石竹、荞、芥末和虎耳草科。大多数多年生植物根上的生物量多于叶子和芽，根有助于固定植物、吸收水分和养分，以及储存春季供植物快速生长必需的碳水化合物。一年生植物占中纬度高山植物区系的6%，在整个夏季，它们都需要有潮湿的土壤和几乎没有竞争对手的裸露的生长地点，这是一个在高山环境中不太可能存在的环境。

大多数高山植物在温度刚刚升到0℃以上时就开始生长，而低地植物常常需要温度达到40°F～55°F（约4℃～13℃）才开始生长。在夏初，植物会利用保存在根或块根中的能量储备生长，这些储备的能量在整个夏季会被更新。许多植物因为茎和叶中含有花青素而呈现红色。花青素是使植物具备耐寒能力的重要因素，它能把光转换为热，这在春季尤其重要。在生长季开始和结束的时候，红色特别明显，在夏季它被叶绿素所遮盖。植物叶子或芽上所长的毛也提供了保护，使植物免遭强烈的太阳辐射。叶子或芽上的毛也能储存热量。许多植物还有天然的"防冻剂"，当气温在冰点以下时，它保护植物组织不受冻害。

在对生长季有限制的雪层下面，一些植物在前一个夏末预先形成花和叶芽。植物会偏爱雪层周围的与雪融化时间相关的微生境。例如，在落基山脉，高山水杨梅属植物、蔓延的山莓草属植物和落基山鼠尾草属植物在积雪的外部边缘生长，而雪地毛茛属植物，可以忍受短暂的生长季，朝积雪的中心生长。雪融化快的地带不仅生长季长，土壤营养也丰富。植物生长的夏日天数越多，腐殖质含量就越高。积雪也是可溶养分的来源，如钾和钙，它们在整个冬季积累，然后随着雪融化而释放。在雪融化特别晚的雪层下面的地表有可能是裸露的，只能生长苔藓和地衣。

大多数高山植物没有受到水资源短缺的制约，几乎不存在干旱的现象，即使有，也是在特殊的环境中。植物会用多种方法汲取水分。垫状植物大量存在于潮湿的微气候生境中和裸露的山脊上，一般根深蒂固，把水分锁在它们长得密实的顶冠上。许多地衣通过渗透作用吸收水分，水可以直接进入叶状体细胞，比通过根和茎吸水要快得多。苔藓像海绵一样吸收水分。

种 子

高山植物能结下许多种子。每株毛茛属植物的种子平均产量是 500 颗，一棵高山大柳叶树能结 6 万颗小的羽毛状种子。在阿拉斯加，每一平方米高山冻原的土壤里会有 1155 粒可以存活的种子。种子的产量如此高通常是为了抵御潜在的高死亡率。

在维管（束）植物生长的上限，小的丛生植物和垫状植物是常见的生长形态。在有大风刮过的山脊上，生长着一些类似在北极生长的虎耳草属植物。因为有更多的岩石裂缝能困住雪并提供更多的水分，所以组织结构软的植物生长茂盛，如毛茛属植物。在受到保护的被称为"雪裂缝"的小块潮湿地区，毛茛属植物也可以生长，会比垫状植物生长所处的海拔还高。生长在阿尔卑斯山上 14000 英尺（约 4270 米）高的冰川毛茛属植物是最高的维管（束）植物，新西兰属格雷厄姆毛茛属植物在 9500 英尺（约 2900 米）高的永久积雪区生长。在地势高的有积雪的裂缝里，融化的雪为其他干旱地区提供了水分，裂缝周围的岩石吸收并向外辐射热量。

植物的繁殖

高山植物有三种方法来维持自己在植物群落中的地位，两种是依靠繁殖，一种是靠长时间的存在。大多数植物通过两性繁殖来繁衍后代，但并不是每年都有条件完成这一循环过程。对植物来说，无性繁殖也是重要的。植物生长缓慢，需要 10~15 年才能开花。

植物在三个不同的时期开花——夏初、仲夏和夏末——由于生长季短，三个花期在仲夏会重叠。夏初开花的植物在积雪融化时或是融化之后很短的时间内开花，仲夏开花的植物在生长最旺盛时期开花，夏末开花的植物在所有叶子长全之后，在生长晚期开花。所有在夏初和仲夏开花的植物，它们的花都是在前一个夏季预先形成的，这取决于植物在夏季开始多长时间后开花。冰川毛茛属植物开花早，在夏天一个季节里，预先形成的花能开两三茬。在大多数中纬度高山地区，花开放的高峰期是7月中下旬。夏末开花的植物常常没有预先形成的花。胎生拳参是个例外，它们预先形成的花在夏末开放。胎生拳参的花蕾需要三个生长季才能形成，直到第四季花才能开放。

温度和光周期（白昼时间）是制约开花时间的两个主要因素。草一定会经历寒冷的冬季温度，如高山莓系属的牧草。许多植物除了经历一个或两个冬季之外，还需要长长的白天。然而，开花特别早的植物，如报春花属植物、毛茛属植物、紫色虎耳草、大多数苔草莎草和地杨梅，对融雪时间的依赖多于对光周期的依赖。夏末开花的植物会对夏末日益减少的光周期做出反应，如高山莓系属的牧草和高山梯牧草。高山植物的花卉展示出的是马赛克的色彩和图案。

两种不同的有性繁殖方法很常见，它们在所产生的种子数和所进行的授粉方式上存在着差异。在有利的条件下，种子产量大，早开花的植物产生的种子少，但种子成熟的机会大；晚开花的植物会生产更多的种子来增加成熟的机会。夏初开花的植物更有可能异花授粉，而夏末开花的植物则更多地依靠自花传粉。尽管光谱随高度变化而有变化，但传粉昆虫的数量不会因海拔上升而下降。随着海拔上升，蝴蝶和甲虫被熊蜂和飞蝇所取代。然而，熊蜂在气温低于50℉（约10℃）时会静止不动，因此在喜马拉雅山脉1.32万英尺（约4000米）以上的地方，依靠蜜蜂传授花粉的植物就不能生长，它们要依靠其他的昆虫传粉。在阿尔卑斯山脉，有29种不同的昆虫光顾高山火绒草。在夏季温暖的一些中纬高山上，像内华达山脉和南部的落基山脉，蜂鸟是重要的授粉者。但在北极的高山上，没有蜂鸟授粉，把花粉从一棵植物传播到另一植物，是风起着重要的作用。

在容易干旱和有针冰干扰的表层土壤里，种子发芽以及幼苗扎根是很困难的。为了生存，种子必须牢牢地扎根于更深的土壤中。一些种子在裂缝中生存，或者在其他植物的保护下活着，尤其是在垫状植物的冠层下。在积雪融化一周内，种子就可以快速地发芽，很少需要休眠期。因土壤湿度不够而发芽延迟的种子会在下一个夏季发芽，使植物避免因种子发芽晚所导致的在短暂生长季不能存活的现象。在湿润的草地上生长的植物种子确实需要休眠期，如冰川百合、雪球虎耳草、绾银须草属和美洲拳参。即使土壤有足够水分，这些种子仍需要种皮裂开，直到下个季节才会发芽。然而，在落基山脉上许多茶叶柳的种子，在7月成熟并发芽。有的植物种子在8月成熟，这时栖息地已经干涸，这可以确保种子能在下个季节发芽。有些植物在短的时间内不能结出成熟的种子，它们需要冬季休眠，到下个季节才会完全成熟。

种子发芽需要温度。对于大多数植物而言，种子发芽的温度下限是40℉（约5℃），但高山酢浆草种子发芽要求至少60℉（约15℃）。昼夜循环引起的温度冷暖交替通常是种子发芽的必要条件。太阳辐射给土壤加温是重要的，但是如果地表土太热或太干，幼苗就会死掉。植物的根必须在地表土干旱之前接近到水源，所以大多数幼苗在第一年主要是发育根系。

在高山地区，植物开花、结籽、发芽以及让幼苗生存都是很困难的，所以植物不得不靠无性繁殖的方式来繁衍后代。这种通过单性克隆产生子代个体的繁殖有许多形式，包括生出根状茎和匍匐茎、分离出新的莲座丛、从埋在土里的茎上长出不定根，以及生出小球茎或者小植株等。三种最主要的高山植物（莎草、草和向日葵）会产生强制性克隆，意味着新的植物与原植物不是联系的整体，而是完全分开的个体。

海拔越高，植物寿命越长。按照基于生长速度或DNA的年龄估算，高大的多年生非禾本草本植物可以活30～50年。黄色红景天能活5年，在母株上发芽的拳参能活26年，蒿草属的草丛能活200～250年。木质矮生灌木也是长寿的，如越橘可以活109年。据估计，帕米尔高原的刺果松垫状植物可以活400年。其他生长缓慢的直根植物可以活100～300年。一些苔属莎草、羊胡子草、高山杜鹃或柳树等通过单性克隆产生的子代个体可以活数千年。在新西兰，铺地植物可以活数百年。高山植物生长周期长，植物不能很快被更新，那里的生态系统特别容易受到环境破坏。

高山动物

　　动物必须克服缺氧的不利条件，有时还要与强风做斗争，但高山氧含量低并不是限制动物分布的主要因素。牦牛是喜马拉雅山19500英尺（约6000米）高的地方的"永久居民"。安第斯山脉的原驼血液中含有比较多的有助于固定更多氧的血红蛋白，许多动物靠血红蛋白增加氧的附着力。骆驼能够比较有效地从稀薄的空气中提取更多的氧。血液中红细胞越多，携带氧就越多，这一标准对于大多数高山鸟类或哺乳动物来说是不准确的。一些生活在高海拔地域的动物为了加速氧循环，会使心率加快，呼吸频率加快。在海拔高的地方生活的人，他们的肺长得比较大，有更多的肺泡进行气体交换。

　　不像北极冻原，高山冻原上生活着几种挖洞动物。在冬季，小型动物的洞穴上面常常需要一层起到隔热作用的积雪。高山生态环境的草地田鼠和水鼠只生活在有积雪的背风山坡或者洼地，棕背鼠和石楠田鼠在高山矮曲林中寻找住处，而波氏白足鼠、鼠兔和高山野鼠更喜欢在岩石地区生活。尽管低洼地区对于大雪的积累和隔热来说是重要的，但这些地区在冰雪融化期间易受洪水的影响。水鼠居住在特别湿的草地。虽然它们会游泳，但它们的地洞也必须高于水面。囊鼠生活在狭窄栖息地上，这种地方既不能太湿，又不能太干：太湿易发洪水，太干积雪不足。它们从地道中挖出的土积存在积雪之下的地表，当积雪融化的时候土就会露出来，放眼望去是迂回曲折的一堆堆土。

中纬度高山生态环境中的有蹄类动物，多以小群体为单位聚集在一起。许多动物步履稳健，能在十分陡峭的裸露岩石和大块卵石上行走，保持平衡。欧洲的岩羚羊和野生山羊，喜马拉雅山的塔尔羊，安第斯山脉的无峰驼，以及北美的山羊和大角羊，都可以攀登陡峭的山崖，利用跳跃逃避危险。它们大大的前蹄，长长的脚趾，抓地力强的蹄子都使它们能适应岩石栖息地的生活。高山上常见的岩石区域是许多小型哺乳动物喜欢的安家场所，这些地方能为它们提供保护，使棕熊和獾等肉食动物无法接近它们。土拨鼠、鼠兔和金毛鼠选择在大岩石下面挖洞。

在短暂的夏季，高山鸟类的繁殖期常常同昆虫的数量高峰相重合。飞蝇、石蛾、甲虫、蛾、蝴蝶和寄生的叶蜂与蜜蜂数量多。节肢动物通常很小，容易躲藏在松散的岩石中，它们的深色外表利于多吸收阳光，在寒冷的环境里这对生存是重要的。为了应对风大的不利条件，许多昆虫长着小翅膀或者不会飞。还有些节肢动物的肌体组织能抵抗冰冻，或者利用过冷作用，使身体组织不结冰。

多样的林线

从喜马拉雅山的海拔12000英尺（约3600米）以上的地方降低至北极的海平面高度，林线所在海拔高度通常随纬度增加而降低。但是，除了纬度外，还有许多因素影响林线（见表3.1）。林线不是一条被严格划分的线，而是一个区域。积雪融化，冷空气寒冷，山脊被阳光普照，发生雪崩，土壤寒冷或潮湿，以及山坡多岩石等形成的微气候都会对树木的生长有影响。在大陆地区，落基山脉和喜马拉雅山等大的高山群，林线略高，因为它们能保留更多的热量，夏季更暖。在内华达山脉，冬天积雪，夏季干旱，岩石裸露等因素共同作用，使林线降低。在沿海地区

表 3.1 按照纬度划分的中纬林线

山脉	纬度	林线		主要物种
		英尺	米	
挪威中北芬诺-斯堪的纳维亚半岛	北纬71°	海平面	海平面	白桦树 苏格兰松树 挪威云杉
美国阿拉斯加州德纳里峰	北纬64°	2500	750	白云杉 黑云杉
挪威北芬诺-斯堪的纳维亚半岛	北纬61°	3600	1100	苏格兰松树 挪威云杉
苏格兰格兰屏山区	北纬57°	1600	500	苏格兰松树
加拿大亚伯达省北落基山脉	北纬50°	7200	2200	恩格尔曼氏云杉 亚高山冷杉 高山落叶松 西部铁杉
美国华盛顿州奥林匹克山	北纬47°	4500	1400	高山铁杉 亚高山冷杉 阿拉斯加扁柏
瑞士中阿尔卑斯山脉	北纬46°	6500	2000	欧洲落叶松 石松 葡萄松 挪威云杉 欧洲山松
罗马尼亚喀尔巴阡山脉	北纬46°	5600	1700	葡萄松 挪威云杉
美国喀斯喀特山脉	北纬45°	5000	1500	白皮巴尔干松 亚高山冷杉 恩格尔曼氏云杉 高山铁杉 高山落叶松
美国新罕布什尔州华盛顿山	北纬44°	5000	1500	香脂冷杉 黑云杉 北美白桦
美国中落基山脉	北纬44°	9500	2900	恩格尔曼氏云杉 亚高山冷杉 白皮巴尔干松 林用松

山脉	纬度	林线		主要物种
		英尺	米	
新西兰南阿尔卑斯山脉	南纬 44°	3300	1000	南方山毛榉
西班牙和法国比利牛斯山脉	北纬 42°	7500	2300	白冷杉 欧洲山毛榉
吉尔吉斯斯坦天山山脉	北纬 42°	9500	2900	中亚云杉
美国南落基山脉	北纬 40°	11500	3500	恩格尔曼氏云杉 亚高山冷杉
阿根廷安第斯草原	南纬 40°	5400	1650	南方山毛榉
美国加利福尼亚州内华达山脉	北纬 38°	10800	3300	白皮巴尔干松 高山铁杉 山脊美国黑松 狐尾松
喜马拉雅山脉和西藏	北纬 30°	12000	3600	喜马拉雅冷杉 乔松 西长叶云杉 墨西哥垂桧
南非莱索托高原	南纬 29°	7500	2300	普罗梯亚木

林线也低，或因受海洋影响的低温引起，或因降雪大，生长季短引起。例如，比利牛斯山脉，由于它面积较小，又受潮湿的海洋气团的影响，它的林线比处于近似纬度的落基山脉的林线低。同样的原因，南半球的林线受到干旱的不良影响，通常比处于相似纬度的北半球的林线低。

生长在林线所在区域的木本植物以常青植物为主，在气温低的短暂夏季，常青的习性是它们生长的优势。松树是占主导地位的植物种类，各种松树、云杉和冷杉非常多，也有铁杉和杜松。落叶松是唯一的落叶松柏科植物，在北美西部和欧亚大陆都有此类物种生长。铁杉在北美洲的喀斯喀特山脉和海岸山脉上形成林线。落叶阔叶树种也常见。芬诺-斯堪的纳维亚半岛的林线以桦木为主。在没有松柏科植物竞争的地方，例如在受到干扰的雪崩槽沟里也可以见到阔叶树。它们灵活的茎和根的无性繁殖能力使它们完美地适应每年积雪的变化。在阿尔卑斯山和加拿大不列颠哥伦比亚省有雪崩发生的潮湿的斜坡上可以见到桤木。在中南欧地区和高加索地区山毛榉占优势。在尼泊尔，杜鹃属植物和桧属植物形成林线。杜鹃属植物在喜马拉雅山上成长为树，是不为人们所熟悉的灌木。

北美洲和欧亚大陆存在着自然的和气候的连续性，尤其在更新世时期。因此，在中纬度整个范围内，北半球山上的许多植物有相似之处。林线也不例外，同属不同种的植物会生长在不同的地区。在美国内华达州的喀斯喀特山脉和落基山脉上的克拉克灰鸟与白皮巴尔干松之间的关系，与其他地区类似的关系相一致。例如，从阿尔卑斯山脉到高加索的欧洲南部高山的星鸦和瑞士石松，日本星鸦和西伯利亚矮生松树的关系。这些鸟不仅吃松子，也往土里埋松子，它们不经意间为高山播种了树木。

北半球中纬度高山上引人注目的是由被称为高山矮曲林的矮小弯曲的树组成的树带（见图3.2）。常见的林线物种恩格尔曼氏云杉就是一个

图 3.2　在大风和结冰的恶劣环境中，树木发育不良，形成高山矮曲林　（作者提供）

例子。当高树在林中茂密生长的时候，低的树枝就会因树荫遮挡而死。然而，孤树却会使低的树枝健康生长，在接触地面的树枝上可能会长出不定根。随着时间的推移，无性繁殖的树就在林线附近形成小树林。在严寒多风的条件下，它们的生长形态也会发生变化。强风会折断迎风面的树枝，或使它们向背风面弯曲，形成悬挂的"旗"树。在更恶劣的条件下，树木会变成由发育不良的树枝组成的矮矮的一团。伸展在起保护作用的积雪之外的嫩枝条，自然会被严寒或干燥的风给修剪掉。大雪的重量也会压断外露的树枝。匍匐高山矮曲林会在下风向的地方扎根进行无性繁殖，那里有积累下来的起到保护作用的积雪。从遗传学角度来看，即使在非高山的环境里，一些树也会长成匍匐的或低矮的受约束的形状，例如欧洲阿尔卑斯山上的矮生高山松树，东亚和日本的西伯利亚矮生松树，以及一些桧属植物。

由于南半球与其他大陆隔离，缺少利于物种迁徙的路线，南半球中纬度的林线比北半球的林线更加多样。大多数的树木和灌木是阔叶常青树木。最突出的是南方山毛榉，虽然它们不适应远距离扩散，但也分布在南美洲、澳大利亚、新西兰，向东远至新几内亚等地。南方山毛榉树生长在比较干燥的巴塔哥尼亚和新西兰的山上。在非洲南部，德拉肯斯堡山脉的林线是草原和灌木丛林地，那里气候干燥，火灾频发，最高的树是普罗蒂亚木。

栖息地与植物群落

高山植物的生存通常局限于某种特定的环境。很短的距离内，或许只有几米，植物群落就会从一种变化到另一种，马赛克式的小规模栖息地就反映了这一状态（见图3.3）。圆形巨石地，也被称为石海——字面上的意思就是岩石的海洋——是由大量有棱角的碎石积累而成，是冰冻作用的结果。岩石完全覆盖表面，地表平坦或平缓倾斜。圆形巨石地上

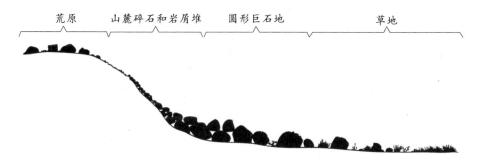

荒原　　山麓碎石和岩屑堆　　圆形巨石地　　草地

图3.3　横跨生态环境梯度的植物生长形态和物种变化　（杰夫·迪克逊提供）

的植物群落在很大程度上只限于岩石堆上生长的壳状地衣和叶状地衣。
一些地衣始终以同一个速度生长——例如黄绿地图衣，它们的直径需要
1000年才能长到0.4英寸（约1厘米）。所以，可以根据圆形巨石地最后受
冰川冰覆盖的时间来判断巨石的年代。一些维管（束）植物会在岩石间
的隐藏处生长，那里有聚集的泥土、积雪和来自辐射的热量，并且可以
防风。鼠兔和土拨鼠在巨砾地藏身，特别是距离草原近的地方，它们可
以很快地找到食物。

　　在悬崖和陡坡之上的不稳定的岩屑堆和山麓碎石堆上，很难有植物
生命的存在。在岩屑坡上，最小的岩石距离悬崖顶最近，而最大的岩石
在地心引力作用下处在山脚下。岩屑堆上锋利的有尖角的岩石是冰冻作
用的产物，它们的直径有6英寸（约15厘米）。岩屑坡指布满小块岩石的
陡峭的斜坡，岩石小到卵石大小。虽然岩屑坡表面干燥，但在岩屑坡表
面之下1英寸（约2.5厘米）的地方仍可见到湿土。山仙女木是环北极生
长的植物，在北极和高山生态环境中占据着特性相同的栖息地，它们是
最好的固定山麓碎石的移居植物。厚厚的常青叶子背面覆盖着浓密的
毛，杂乱的根系在山麓碎石里纠结缠绕，它们能侥幸在有风的地方沿斜
坡向下运动，不会像其他植物一样被风撕碎。水杨梅属植物的根上有固
氮的结节，会使土壤富含氮。随着灰尘和残屑积累，叶子下面开始形成
腐殖质堆。岩屑坡上其他的植物包括复活节雏菊、高山黄芪、荞麦和草

夹竹桃属植物。它们的根有的是长有筛眼的浅根状茎，有的是在斜坡上提供安全保证的主根。

高山荒原地势平坦，岩石占其面积的35%~50%。荒原上的积雪会被风吹掉而使其裸露。风携带走了精细土粒，只留下浅浅的粗糙砾石，岩石之间的土壤发育不好。排水快速，夏季融化的雪水几乎无法存住。裸露在风中的荒原是干燥的，那里的植物会受到极端环境的影响。主要的生长形态是匍匐在地上的垫状植物、铺地植物、肉质植物和莲座丛，这些植物长有毛茸茸的或者蜡质的表皮。典型植物包括苔藓剪秋罗属植物、高山草夹竹桃属植物和蚤缀属植物，它们在早春提前开花。高山荒原缺少食物，几乎没有哺乳动物生存。

草丛形状的草、莎草和大约有8英寸（约20厘米）高的非禾本草本植物生长在草原上。它们在土壤潮湿的夏季开花。高植物间的地上生长着地衣和苔藓。草原上莎草占主导地位，但莎草和草同时存在，它们都把根扎到1英尺（约0.3米）深或更深的土壤里，这在高山冻原上是最好的生存方法。因为草原上的叶状非禾本草本植物数量丰富，所以有时草原也被称为草本植物草地。

雪被在受到植物或岩石等风障碍物庇护的地方形成，也可以在雪蚀凹地上形成（见图3.4）。积雪的重量把饱和土沿山坡向下推入低的山脊，

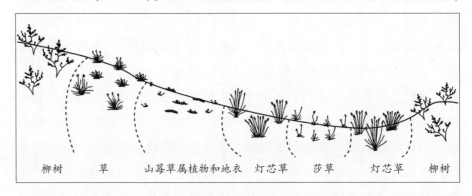

| 柳树 | 草 | 山莓草属植物和地衣 | 灯芯草 | 莎草 | 灯芯草 | 柳树 |

图3.4 雪被植物群落的特点是不同植物构成同心环，每一种植物都按照雪融化的时间和生长季的长短而生长。中心的积雪可能在整个夏季都不会融化 （杰夫·迪克逊提供）

形成低洼地或洼地，然后更多的降雪积累使这一过程加剧。积雪不在同一时间融化，致使植物按同心环的模式生长，这种模式反映了雪融的时间与生长季的长度。积雪在冬季保护植物，使它们免遭严寒和温度变化的影响。雪被的温度比暴露的荒原温度高。积雪会保护植物免受干燥的强风侵扰。当积雪融化时，雪上的灰尘和残屑颗粒会促进土壤的发育。粉红色的积雪是由外表为微红色的绿藻造成的，这种绿藻在32°F（约0℃）雪融化时能生存。积雪表面吸引了飞蝇、蜘蛛、螨虫和跳虫，它们以花粉和孢子为食。同样，昆虫也引来了鸟类。然而，雪被也有不利的影响，会影响夏季土壤的温度、水分、泥流作用和生长季等。雪被的标志性植物分布广泛——雪地钱、波纹地衣和片状地衣，都起着固定土壤颗粒和稳定土壤的作用。北欧人在实践中认识到，有雪被植物——爬行的山莓草属植物生长的地方，是不能用作路基的浸水土壤的标志。

　　受到动物干扰的植物群落通常在草地上和土壤深、排水好、容易被挖掘的雪被里生存。在北美洲，囊鼠是最常见的"破坏分子"。囊鼠挖掘出的裸露的土堆会受到针状冰的干扰。被它们破坏过的地方常会重新长出由垫状植物组成的荒原植被。水和风的侵蚀会进一步使土壤退化，但土壤受到干扰也可能是好事，因为翻动土壤会使孔隙度增加，因此土壤富含雨水和融化的雪水。草地田鼠会使用囊鼠放弃的洞和隧道，它们吃湿草地上的草和莎草，每三四年经历一次数量高峰。在冬季，田鼠在积雪下十分活跃，如果它们数量太多，就会给垫状植物带来破坏。

　　永冻土层上土磷地的背面，湖边的周围或者雪堤的下面，可以见到潮湿的沼泽群落，那里水源丰富，在整个夏季保持绿色。这些地区与北极冻原极其相似，上面有苔藓、地衣、莎草和矮柳生长。这个层面富含有机质和泥炭，起到隔热作用并保护下面的永冻土。土壤又厚又黑，上面的淤泥里还有许多植物的根。在土壤表层的下面，是蓝灰色或黄红的铁渍色的土壤。土壤是含腐殖酸的酸性土壤，里面没有氧气。土壤上常见的植物是金盏花。

石楠属植物群落广泛分布在美国和加拿大的落基山脉北部，在奥林匹克山、喀斯喀特山脉、内华达山脉和欧洲也有分布（见图3.5）。石楠属植物喜欢凉爽多云的天气，在落基山脉南部阳光充足、过于干燥的地方分布稀少。所有的杜鹃花科木本植物都是欧洲大陆的植物类属的成员，喜欢在酸性的排水良好但湿润的土壤中生长。冬季起到保护作用的积雪在夏初会融化。蓝莓、越橘、轮生叶石楠、拉布拉多茶树、高山楠和杜鹃花等植物在这里生长。其中，许多是常青植物，生长缓慢，生有革质小叶子，它们所形成的遮挡阻止了大多数植物的生存，只有冰岛地衣能活下来。

物种迁徙和植物区系的相似性

在大约1000种北极冻原物种中，有500种分布在北半球中纬度高山地区。一些莓系属、薹苈属、蚤缀属和委陵菜属则生长在热带高山上。在通往南极洲的路上，随处可见生长着尖叶的三毛草属草。新罕布什尔州的华盛顿山上有75种高山物种，几乎都是北极物种。在内华达山脉上有600多种高山物种，其中20%是北极物种，而大多数植物物种与荒漠低地、落基山脉、喀斯喀特山脉有关。落基山脉植物区系与北极植物区系之间的联系由位置决定，越往北的区域，拥有的北极植物区系元素越多。在阿拉斯加的弗兰格尔山上，70%的植物是北极物种，而在落基山脉南部的桑格里克利斯托山脉上，只有32%是北极物种。欧亚大陆的植物与北极的植物的关系由纬度决定。在芬诺-斯堪的纳维亚半岛，63%的物种是环北极物种，瑞士阿尔卑斯山脉和阿尔泰山脉分别有35%和40%的北极物种。

中亚山脉有大而独特的植物群落，在过去它们没有完全为冰河所覆盖，有相当长的一段时间形成物种。喜马拉雅山被认为是更新世的避难所，许多高山植物可能起源于此。在喜马拉雅山的1000多种高山物种中，

图 3.5　石楠属植物群落反映了所在地区具有多云和适中温度的环境特征，如欧洲阿尔卑斯山奥地利的奥斯塔　（作者提供）

仅有25%~30%在北极地区能见到。

从北极到落基山脉再到安第斯山脉

与其他因素相比，更新世似乎更有助于北极植物和高山植物目前在北美洲的分布。这两个生物群落的许多物种都是相同的，许多都是关系密切的同一属的成员。许多植物起源于北极，然后迁移到落基山脉，其他植物起源于中纬度地区，在更新世结束的时候，随着寒冷气候向北迁徙。南北走向的山脉推动这些植物继续迁徙进入南美洲。虽然山脉不是连续的，但山峰之间的距离很近，足以成为植物迁徙的通道。

更新世开始的时候，落基山脉和其他北美洲山脉的气温下降，在许多山峰和山脉上形成冰河。北极冻原植物充分利用了越来越寒冷的气候条件，以山脉为轴线向南扩展。虽然在科罗拉多西南部的圣胡安山以南地区没有发生冰川作用，但草本冻原植物仍沿着山峰扩张，从落基山脉和内华达-喀斯喀特山脉，经过安第斯山脉，甚至到达了南美洲最南端的火地岛，在那里找到了合适的栖息地。科罗拉多州高山上至少有19个科的种子植物，在安第斯高山稀疏草地1.15万英尺（约3500米）以上的地方也能见到，至少有20个植物属为两个地区共有。然而，在落基山脉和高山稀疏草地上几乎没有相同的物种。高山稀疏草地上至少有22个科的植物在落基山脉看不到。高山稀疏草地上拥有许多科的植物，而中纬度地区却缺少这些科的植物，似乎表明植物迁徙的总趋势是向南，几乎没有向偏北方向的迁徙。在更新世晚期，安第斯山脉的一些地区在形成过程中仍有火山活动，适合的栖息地受到破坏，阻断了向北的迁移。

中纬度区域的植物也能适应高山气候。在不同时期，当整个地表从低处，从亚高山，甚至从沙漠向上抬升的时候，或者植物为了适应寒冷的冰缘气候的时候，适应情况就会发生。随着冰川的一次次后退，原北极的物种和新衍生出的中纬度区域的物种会随着更寒冷的气候向北迁移，有时从一座山峰向另一座山峰迁徙。北极物种更有可能随着气候的每一次变化前进或后退。那些起源于落基山脉、内华达-喀斯喀特山脉的物种在更新世的任何时期都能适应高山气候，一些物种可能在更新世最后阶段没有足够的时间或者机会迁移到北极，这或许就是北极物种在中纬度地区生长的部分原因。

欧洲植物群落的南北迁徙

在影响欧洲植物群落迁徙和美洲植物迁徙的因素中，最主要的差异是两个洲的大多数山脉的走向不同。落基山脉为迁徙提供了从北至南的通道，欧洲的从东至西的山脉却阻碍了植物向北和向南的迁徙。欧洲阿尔卑斯山脉的植物区系与中亚高山的植物区系的关系，比与芬诺-斯堪的纳维亚半岛植物区系的关系更密切。然而，阿尔卑斯山脉与落基山脉的植物属和物种之间的相似性的确存在。一个可能的原因是植物从北美洲经过白令海峡大陆桥，随后向西迁徙到阿尔卑斯山。一些物种在北极和欧洲的高山地区很常见，如山仙女木、高山酢浆草、苔藓剪秋罗属植物、莓系属的牧草和虎耳草属植物。

在更新世时期，冰几乎覆盖了整个英伦三岛，在冰层的边缘形成冻原气候和冻原植被。随着冰的消融，气候变暖，来自欧洲的温带植物开始入侵，它们促使高山植物向高地退却。大量存在于沼泽中的证据表明，高山植物在过去分布更广泛。在自更新世以来积累的泥炭之下，人们发现了高山植物的遗留物。

低地物种的适应性

当山脉隆起时，低地环境中的某些种类的植物会比较容易适应高山环境。一些非高山植物是早春开花植物，它们在夏季最炎热的阶段枝叶枯萎。炎热的大草原或沙漠更有可能适应高海拔生活的物种，因为它们中的许多植物也在春天开花。在西南沙漠中和落基山脉的高山冻原上生长着印度火焰草，表明沙漠与高海拔地区在植物区系和环境方面存在相似性。可以推断，适应寒冷温度的北方森林植物也会成为高山植物区系的成员，但它们只生活在森林的树荫之下，不会暴露在强烈的日光里。在亚洲高山上，由于许多森林植物不适应高山生态环境，高山矮曲林带极其缺少植物区系，会产生许多秃岭。

与地壳缓慢隆起相反，相对快速的隆起会使当地的非高山植物区系灭绝，因为这会导致它们缺乏进化所需的时间。因此，这就使高山冻原栖息地向适合的外来高山物种开放。如果没有外来物种，这里的物种就会匮乏。在任何情况下，高山植物群落的规模和组成，除了取决于隆起的速度，还受其他几个因素的影响，包括高山的年龄，与最近山脉的距离，临近山脉上植物的多样性，盛行风和鸟的迁徙等。

中纬度的高山冻原地域

北美洲高山冻原

北美洲东部的阿巴拉契亚山脉虽然不是特别高，但也有高山区域存在（见图3.6）。拉布拉多、埃尔斯米尔东部和阿克塞尔海伯格岛上的高山形成了加拿大地盾的东部边缘。这些山脉也可以看作北极地区和高山地区的山脉。北美洲大多数能够形成高山生态环境的山脉位于大陆的西部，有两个主要的科迪勒拉山系。虽然从阿拉斯加山脉向南延伸到喀斯喀特山脉和加利福尼亚州的内华达山脉的沿海地区并不总是在海岸上，但这些区域仍受海洋的影响。许多山峰海拔1.4万英尺（约4300米）以上。阿拉斯加西南部海拔2.0298万英尺（约6187米）的德纳里峰（以前称为麦金利山）是北美洲的最高峰。海拔1.4万英尺（约4300米）的喀斯喀特山脉至今仍然是活火山，它位于5000英尺（约1500米）高的熔岩高原上。内华达山脉是最近隆起的断块山，海拔1.2万英尺（约3600米）以上。除了华盛顿州的奥林匹克山，沿美国海岸的大多数山脉都很低，几

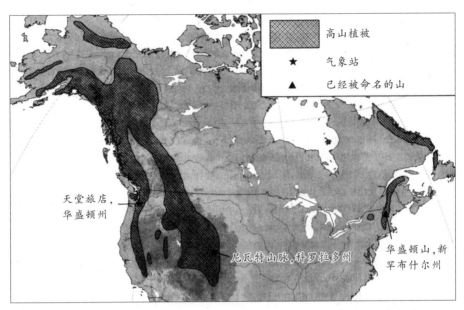

图 3.6　北美洲的高山冻原主要位于西部的高山上　（伯纳德·库恩尼克提供）

乎没有高过林线的山脉。

　　在美洲内陆，连绵不断的山带从阿拉斯加中部的布鲁克斯山脉向南延伸，经过加拿大和美国西部落基山脉，直到新墨西哥州北部。落基山脉地质条件复杂，有许多海拔1.4万英尺（约4300米）以上的山峰。大盆地，伴有一系列的从北至南走向的断裂地块的山脉，位于西部山脉和落基山脉之间，一些山峰的高度超过1.3万英尺（约4000米）。尽管山峰相对孤立，但它们的大部分植物区系与落基山脉相似。亚利桑那州北部的圣弗朗西斯科火山群也是内华达山脉和落基山脉之间的一座孤立的山脉。

　　具有高山生态环境的所有山脉都经受过冰河作用。在阿拉斯加的沿海山脉上仍有广泛的山谷冰川，奥林匹克山以及喀斯喀特山脉的雷尼尔山和沙士达山也有山谷冰川。比较干燥的内华达山脉和内陆山脉上可见小冰川的残骸。

　　北美洲高山冻原在地理上分布广泛，每个区域或山脉都有独特的环境，有许多共同之处，也有许多差异。气温和土壤温度都很低，风大，太阳辐射强，生长季短，有时还有大雪。地质情况和基质差异大，有各种各样的岩石。北部高山地区与北极冻原相似，它们的生态系统在那里合为一体。沿海山区云雾频繁出现，太阳辐射减少。大陆山区的云较少，太阳辐射较多，夏日的雷暴天气也多。在北部高山上永冻土层最常见。环北极或者极地−高山地区分布广泛，拥有从周围低地进化的特有动植物的地区也常见。高山生态环境限制了物种的数目。科罗拉多高山生态环境供养了大约300种植物，在加利福尼亚州的怀特山脉大约有150种，东海岸山区只有大约100种。

由于西风盛行，西海岸山脉会得到更多的降水。内华达山脉和喀斯喀特山脉的大多数降水发生在冬季，以降雪为主，夏季只有有限的雷雨。喀斯喀特山脉冬季雪大，内华达山脉夏季特别干燥。所有内陆的山脉，包括那些在大盆地的山脉，在夏季易受强烈的雷雨影响，因为那里呈现的是大陆性气候，并且周围的山谷表面炎热。潮湿的空气从墨西哥海湾沿山坡循环上升，在落基山脉的东坡上，特别是在处于科罗拉多州的落基山脉上，早秋的降雪潮湿，而且很大。同一来源的水分在落基山脉南部会引起夏季偶尔的降雪，更多地引起雷暴天气。夏天降雪能给许多高山植物提供所需要的水分。冬季的降雪干燥、冰冷，并伴有强风。新罕布什尔州的怀特山脉处在来自西方的气旋风暴的通道上，深受大西洋的海洋性气候的影响。因此，山脉潮湿。

在北纬60°以南，永冻土层不是连续的，会受到山坡、朝向和排水的影响。永冻土层对高山植被只有很小的直接影响，大多数植物根系浅，不受融冻层的限制，但是冰冻作用对土壤有间接影响。冰冻隆胀会影响科罗拉多州的深达12英寸（约30厘米）的土壤。

起源和植物群落　　北美洲高山地区有着复杂的植物区系，是极地−高山植物，以及环北极植物和低地植物的混合体，它拥有许多特有的植物属种。每一个地点都有一个复杂的地质史。在白垩纪，北美洲继续向北移动到更寒冷的纬度，对冰冻敏感的物种不能再生存。环北极物种经过白令海峡大陆桥迁入或迁出亚洲。高山的形成和冰川作用使一些地区孤立起来，更新世的冰川作用促使北极物种向南迁徙。在后冰河期的变暖期间，北极物种和适应低地的物种被迫向上退到高山上。内华达–喀斯喀特山脉和落基山脉的北部主要是环北极和极地–高山元素，在南部这些元素就不那么重要了。在更新世时期，低地气候寒冷，现在却是高山植物迁徙的障碍，如哥伦比亚河峡谷。大盆地上的高山是孤立的山峰，被荒漠灌木带所包围。同样，因为受到隔离，那里物种较少，小山峰上的高山栖息地也有限。落基山脉的物种穿越大盆地向西部延伸，也许是因为落基山脉历史久远，有很长一段时期是生物起源地区。从内华达山脉来的物种，比落基山脉和大盆山的物种都年轻，在大盆地地区见不到。

草本植物大多数为多年生的，包括垫状植物、莲座丛、草和莎草。一年生植物是北极和高山植物区系的微小的组成部分，在高山环境里却常见。大约有55种一年生物种在北美洲的高山上生长，47种在干燥的夏季在加利福尼亚州的内华达山脉上生长，10种在落基山脉上生长，只有2种在新英格兰生长。至少有10种一年生植物在北极和高山地区都有分布。由于地表裸露、积雪和湿度等因素的不同，从陡峭的岩石斜坡到谷底形成了一个典型的植被轮廓（见图3.3）。木质的垫状植物占据着陡峭的多岩石荒原，这里既多风，又没有积雪保护，如苔藓剪秋罗属植物和紫色虎耳草属植物。较干燥的草甸有高山仙女木泥炭，而沿坡向下的许多的潮湿地区分布着羊胡子草草地。有水沉积的地方被莎草主宰，溪边还有柳灌丛。积雪融化的雪堤可能变为荒地，只有地衣和苔藓覆盖的岩石，对于维管（束）植物来说，那里的生长季过于短暂。

北美洲高山动物　尽管北极和高山地区共有许多植物物种，两地都有的哺乳动物或鸟类却很少见。高山地区哺乳动物的种类比北极地区稍多一些。在华盛顿州和俄勒冈州的喀斯喀特山上有47种哺乳动物在高山环境中生长，在科罗拉多州落基山脉的尼瓦特山脉上有32种。

较小的高山地区物种很少。动物可以分为三类：永久居民、季节性居民和偶尔的访客。

　　啮齿类动物数量丰富，虽然没有与北极的旅鼠相似的数量周期发生，但它们的数量在每一年都有所不同。小型哺乳动物需要定居保护层，在有石堆、高山矮曲林和柳灌丛的栖息地上，它们的种类最多。在岩石类土壤里除了囊鼠，穴居动物并不常见。囊鼠对提升土壤的肥力起着重要的作用。它们挖掘土壤，搅拌土壤并为土壤充气，用粪便给土壤施加养料，掩埋植物和提供腐殖质，间接为土壤播了种子。因地理位置不同，定居的小型哺乳动物有的栖息地狭窄，有的栖息地面积广阔。鼠兔、鹿鼠和田鼠在冬季积雪之下仍保持活跃状态。老鼠和田鼠共用洞巢以增加温暖。土拨鼠为了躲避寒冷的冬季进行冬眠。

　　鼠兔是喜马拉雅山上的有蹄类动物，它们属于兔子科。为适应寒冷天气，它们的耳朵比正常兔子小很多（见图3.7）。它们广泛分布于北美洲高山冻原地区，其领地可以用橘红色的珠状地衣来界定，这种地衣生长在岩石上。鼠兔在冬季独居，在春天寻找配偶，雌雄鼠兔共同养育幼崽。它们只住在石堆或有岩石的多边形地里，保护自己免遭掠食者的侵害，它们也出入草地觅食。当它们在岩石地区飞跑时，多毛的脚垫会提供牵引力。在冬季的积雪之下，它们仍保持活跃，吃在夏季收获的干草

(a)　　　　　　　　　　　　　　(b)

图3.7　鼠兔（a）和土拨鼠（b）是在距离草原很近的岩石地区常见的啮齿动物（作者提供）

和种子。鼠兔会切断草地上的植物，然后把它们放在太阳下的岩石上晒干，以防止储备的食物被霉菌腐烂坏掉。食物以草和莎草为主，还包括多种非禾本草本植物。鼠兔会拿走任何可食用的东西，但它们的食物大多没有什么营养，因此它们总是不间断地进食。为了获得最多的营养，它们也吃粪便。它们通过排泄几乎透明的尿酸来保持湿度，尿酸会在岩石上留下一层白色。

土拨鼠、美洲旱獭或者旱獭只生活在北半球。它们有可能起源于喜马拉雅山脉，后来迁移到北美洲，生活在草原和高山冻原等不同生态环境中。土拨鼠能长到24英寸（约60厘米）长，15磅（约6.8千克）重。它们在夏季储存脂肪，以备过冬。它们身上长满厚厚的毛，短耳朵、短腿和毛茸茸的尾巴。强健的爪子使它们能在布满砾石的地上挖洞找食物。当昆虫在无风的日子里特别活跃的时候，土拨鼠待在自己的洞中。它们不是挑剔的食客，但偏爱草和莎草之上的非禾本草本植物。岩石为它们提供了瞭望台，使它们能够防御掠食者，如果有危险存在，土拨鼠发出哨声来警示自己的同伴。

土拨鼠是群居动物。一般5~10只为一个群体，通常包括雌雄鼠及其子女，或者一只雄鼠和两三只雌鼠。雌鼠长到2~3岁开始生育，每次可产2~6个幼崽。土拨鼠的寿命大约5年，幼崽与父母在一起生活2~3年后会去开创自己的领地。新进入一个群体的雄鼠经常会杀死前任雄鼠留下的所有幼崽。

土拨鼠的敌人包括大型动物和小型动物。在夏季，土拨鼠是狐狸、狼、熊和鹰的食物，也是人类的猎物，人们会

土拨鼠节

土拨鼠是真正的冬眠动物。不同品种和不同地区的土拨鼠冬眠期不同，一般是6~8个月。即使在冬眠期间，土拨鼠也会偶尔醒来。宾夕法尼亚州的土拨鼠以预测冬季的长短而闻名——在2月2日土拨鼠节那一天，冬眠的土拨鼠走出洞穴，看自己能否见到自己的影子，来判断冬天的长度。

猎取它们的肉和毛皮。

蒿草属植物、发草以及高山莎草为麋鹿、鹿、山羊提供了有营养的饲料。一些高山地区目前被用来放牧家畜——牛和绵羊。过度放牧使牛羊啃短的丛草不能固定住雪，而雪是干燥多风的山脊和山坡上水分的主要来源。没有水分，丛草随后就会死亡。

在高山冻原地区几乎见不到大型肉食动物。现在棕熊的分布已受到人类的限制。美洲狮和黑熊是夏季偶尔的访客，在冬季，它们迁徙到海拔低的地方。在夏季，土狼冒险进到冻原地区捕猎湿润草原上的啮齿类动物。短尾鼬鼠在卵石地带捕猎，它们身体细长，能钻进啮齿类动物的洞穴里。因为猎物充足，鼬鼠全年活跃。鼩鼱以昆虫和其他小型的无脊椎动物为食。

白尾松鸡是在北极和高山地区出现的为数不多的鸟。只有雄鸟在高山冻原上度过整个冬季，雌鸟在林线的柳灌丛中过冬。5月上旬日照时间变长，引发雄鸟占领领地，让雌鸟也加入进来。鸟类通常成双入对，它们在繁殖后分开，由雌鸟独自抚育后代。它们把鸟巢建在洼地上，通常隐藏在植物中。小鸟和卵是星鸦、猎鹰和鼬鼠的食物，遇到危险时，雌松鸡通常会装作一只翅膀折断了，把入侵者引离它们的巢穴。它们的生长受恶劣天气条件的影响。松鸡是唯一的永久居民，但在北美洲大部分的山上也常常见到在别处过冬的其他的鸟在繁殖后代。在美国西部整个高山地区见到的水鹨在南美洲度过冬季，但从6月下旬到8月，它们驻留在高山冻原上，吃各种各样的昆虫。有些鸟长距离飞行以避免冬季的寒冷，有些鸟只是进入海拔低的地区，如玫瑰色的雀鸟。金雕和红尾鹰是猛禽，在西方高山地区经常看到（见图3.8）。在东海岸只有红尾鹰常见，其他经常出现于西部高山地区的高山矮曲林里的禽类，是暗冠蓝鸦和克拉克灰鸟。

寒冷的温度限制了两栖动物和爬行动物的生长，就像在北极一样，这两种动物在高山冻原地带十分罕见。昆虫数量丰富，包括传粉主力昆虫，如大黄蜂和苍蝇。最常见的昆虫的是黑色的飞蝇、蚊子、大蚊及多种小飞蝇。蝴蝶有时也被大风从海拔低的地方带来。蚱蜢、瓢虫、甲虫、叶跳蝉和蜘蛛也能在这里生存。

海岸山脉 北美洲海岸山脉的林线物种主要包括高山铁杉、亚高山冷杉和阿拉斯加雪松，它们会受到西海岸独特的海洋性气候的影响。高山地区有低灌木和多年生植物的组合。北部高山地区与北极冻原的关系较密切，更远的南部地区与附近的高山冻原较相似。朝南或朝西

图 3.8　红尾鹰是在高山生态环境中能频繁见到的捕食者（杰米妮·约瑟夫提供）

的多风无雪的山脊是荒原或巨石地，主要生长着莲座丛、垫状植物和匍匐灌木，地面上还长着一层叶状地衣。在有着中等深度积雪的山坡上，比较湿润的地方是生长莎草和牛毛草的草原，还有小桦木及柳树灌木。高山荸和匍匐山莓草属植物主宰着雪层和潮湿的洼地，但是雪兔莎草，还有许多开花的非禾本草本植物，尤其是钟铃花，形成的高山泥炭也可以发育。从融雪的山坡上得到营养和水分的地方是排水畅通的泥炭藓丘，黑色红莓苔子和北极柳生长其中。杂草、簇生的虎耳草属植物和更多的物种生长在稳定的岩石坡上，但是不稳定的岩屑堆山坡上植物稀疏。多水的排水良好的地方和受到保护不受风影响的地方生长着高山石

奥林匹克山

奥林匹克山并不是特别高的山，其山峰只有7965英尺（约2428米）高，但它是美国最潮湿的山，有活跃的山谷冰川。奥林匹克山处于从北太平洋洋流带来的西风的路径上，年均降水量为200英寸（约5080毫米）。较低的山坡温带雨林密布。然而，东北部山坡处于雨影之下，每年只有20英寸（约508毫米）的降水。水量丰富，高山植被密集。在潮湿的亚热带草地上，生长着大量的高秆的冰川百合花、草、元参属植物和马先蒿属植物。

楠属植物，它们形成矮的毯状层，覆盖着这些地方。

在海岸山脉上，啮齿类动物波氏白足鼠、草地田鼠和鼠兔，是最常见的动物。灰白土拨鼠在阿拉斯加和加拿大分布广泛，除了奥林匹克山所特有的奥林匹克土拨鼠外，在美国的海岸山脉上没有土拨鼠生存。马扎马火山囊鼠只分布在海岸山脉和喀斯喀特山脉上。山羊是被引进到奥林匹克山地区的。由于没有天敌来限制山羊的数量，它们尖尖的蹄子加重了土壤侵蚀，改变了植物群落。白大角羊生长在加拿大和阿拉斯加的山脉。短尾鼬和鼩鼱是最普遍的小型肉食动物。棕熊被人们限制在加拿大和阿拉斯加的海岸山脉上生活。

白尾松鸡、角云雀、水鹨和暗冠蓝鸦与在北美洲的大部分高山冻原见到的鸟类相似，金雕和红尾鹰是常能见到的猛禽。

喀斯喀特山脉　喀斯喀特山脉从加拿大不列颠哥伦比亚省延伸到美国加利福尼亚州南部。山脉的西面是潮湿的海洋性气候，年均降水量100英寸（约2540毫米），而背风面较为干燥，具大陆性气候特点，降水只有20英寸（约508毫米）或者更少。几个大的山谷冰川沿海拔高度伸展到高山地区之下，特别是北喀斯喀特山脉的雷尼尔山和沙士达山的冰川。林线随火山山峰的年龄变化，大约有5000英尺（约1500米）高。树木是海岸山脉的典型特征，在比较干燥的东面，有白皮巴尔干松和恩格尔曼氏云杉生长。由于基质条件的原因，这里的高山群落不如落基山脉多。由于近期的火山活动，土壤发育不完善，无法提供太多营养，几乎没有腐殖质，也不能保持水分，相反，给植物嫩芽和根带来了磨损。胡德山上的许多高山地带覆盖着不牢固的浮石。由于火山泥无法保持水分，荒原和雪层上植物稀疏矮小。

　　良好的火山土壤上生长着有助于稳定山坡的黑果岩高兰。其他类型的植物包括印度元参属植物和莱蒙山岩芥。托米山虎耳草属植物和小型灌木鹬鸪脚通常共同长在陡峭的山坡上，它们有助于稳固松散的火山土壤。多风的荒原群落物种不多，主要是草、莎草和灯芯草科植物。没有一年生植物，只有匍匐蝶须属植物和高山紫菀属植物生长。在受到保护较多的小栖息地上可以见到拳参。蓼属是喀斯喀特山脉开阔的浮石地区的特色植物，在那里它们没有竞争对手。

　　华盛顿州北部的喀斯喀特山脉地质条件复杂，上面有冰山覆盖，岩石种类也不同，导致多种环境的出现，特别是贝克山和冰川峰。这里的植物与北极以及北边和东边的高山植物关系密切，当地几乎没有特有物种。深深的雪层上有莎草垫子、羊胡子草和鹬鸪脚灌木生长。草本植物群落在潮湿的朝南的地方生长，以羽

雷尼尔山

　　雷尼尔山是休眠火山，但它的山顶火山口依然有温度。它的火山锥被辐射状山谷上的高山冰川大面积地侵蚀。雷尼尔山有创纪录的降雪量，山的大部分为冰川所覆盖。在天堂旅店（海拔5550英尺或1692米），高度略高于林线，年均降雨量为116英寸（约2945毫米），每年降雪50英尺（约15米）。在1971~1972年气象站得到了一个季节内降雪量的世界纪录——90英尺（约27.5米）。然而，冰川在过去的几年中，一直在融化。

扇豆属植物为主。矮灌木石楠群落主要以西部苔藓石楠或者高山石楠为主。相关物种随位置和条件不同而不同。蒿草属莎草在干燥的草原群落上形成了茂密的一层。巨石地的特征是其上有图形土，植物区系具有多样性。

喀斯喀特山脉上的啮齿类动物有生境偏好。札马山囊鼠在草地、草本植物生长地和湿草甸上很常见。岩石堆与草地相邻，为动物既提供了保护，又提供了较近的觅食区，鼠兔和黄腹土拨鼠在这里安家。柳灌丛是水鼠的领地，石楠田鼠躲藏在高山矮曲林里。灰鼩鼱只在湿草甸上活动，而鹿鼠活跃在岩石堆、草本植物生长地、草地和柳灌丛和高山矮曲林里。短尾鼬捕食啮齿类动物。从太平洋刮来的风往往会带来风暴，使这里数日或数周被冰覆盖，这也给动物觅食增加了困难。北美野山羊是引进物种。这里能见到松鸡，夏季鸟的数量和落基山脉鸟的数量一样多，有石异鹀和克拉克灰鸟。

内华达山脉　内华达山脉是倾斜的断层块状山，主要由花岗岩组成，它从加利福尼亚州的北部向南部绵延400英里（约650千米）。美国本土的最高峰海拔14496英尺（约4418米）的惠特尼山位于此。年降水量不稳定，冬季降雪。沙土在夏季的大部分时间里干燥，因此这里接近沙漠环境条件。许多在落基山脉中普遍生长的北极和高山植物在这里见不到，这是由夏季干旱导致的。树带界线的物种可以反映出比较潮湿的西部山坡和比较干燥的东部山坡的差异。在西部，高山铁杉是主要的树带界线树种。在东部的山坡上，有狐尾松与刺果松生长，它们在年龄和多节的外观上相似。白皮巴尔干松形成变形的高山矮曲林。

内华达山脉有北美洲最丰富的植物区系，但原产北极的物种只占20%，相比之下，在中落基山脉上却有50%原产北极的物种。内华达山脉有17%的当地特有的物种，并且与加利福尼亚州或者大盆地的海拔较低地方的植物属有关系。几种大植物属中包含着许多的种和亚种，如黄芪属植物、羽扇豆属植物、委陵菜属植物、钓钟柳属植物和蓼科荞麦属

图 3.9 内华达山脉的花岗岩荒原过于干燥，不适合植物生长 （作者提供）

草本植物。在更新世时期，在无冰覆盖的高原上有最丰富的植物区系，它们被用作生物避难所。几乎所有主要的落基山脉高山群落都出现在没有冰川覆盖的高原上。

内华达山脉植物区系有比较多的一年生植物，它们主要分布在干燥多沙土的地方，如朝南的山坡。一些植物群落主要由含水量决定，但土壤基质在某种程度上也起了一定的作用（见图3.9）。潮湿的大理石地区供养着茂密的草甸，草甸由短毛芦苇草和其他的草与莎草组成，还有一些矮越橘匍匐灌木。在土壤较裸露、略微干燥的高地上，生长着虎耳草属-蝶须属植物形成的垫状植物群落。短草莎草和五倍子雪草，连同树带界线蒿属植物——灌木生长在干燥的草原上。间隔大的连座丛和垫状植物以具有椭圆形叶的蓼科荞麦属草本植物为主，它们生长在高山砾石之中。脱土的花岗岩上植被稀疏，主要有夹竹桃属植物和戴维森钓钟柳属植物。特别干旱的地方光秃秃的，只有蝶须属植物和矮的紫菀科植物生长。在有安山岩熔岩流代替花岗岩的卡森关口是许多高山物种的北部生长极限。除在积雪融化晚的地方生长的高山酢浆草外，很少有植物生长。安山岩上没有积雪的地方生长着植物，与内华达山脚的寒冷荒漠有着较密切的关系。内华达山脉常见的植物是天花菜类植物松鼠尾草、大盆紫罗兰和多刺的吉莉属植物。

除分布广泛的啮齿类动物，如鼠兔、波氏白足鼠和石楠田鼠外，内华达山脉是当地特有的高山花栗鼠和内华达囊鼠的原产地。黄腹土拨鼠住在能防止肉食动物攻击并起着保护作用的岩石堆里。它们在附近的草地觅食。偶然也能见到高山大角羊。鸟类与在其他北美洲高山见到的相似，如白尾松鸡。

过去棕熊分布广泛，现在它们从内华达山脉上消失了。山狮和黑熊偶尔可以见到，但最常见的肉食动物是小型肉食动物，如短尾鼬和灰鼩鼱。

大盆地　高山生态环境局限于大盆地中最高的山脉，如怀特山、鲁比山和斯内克山。山峰面积小，植物群落少。在地理上山顶彼此孤立，更与较大的山脉脱离。所以，当低地物种通过进化去适应正在变化的气候条件的时候，高山群落是分别各自进化的。许多植物是当地特有的。处在内华达山脉雨影里的西部地区干燥。东部地区冬季降雪多，夏季多雷暴天气。除了一些晚融化的雪层或者常流河外，大部分栖息地干燥。大盆地山脉目前尚未被充分研究，但还是可以做出以下归纳：内华达州艾克市以东的山脉，从植物学角度上与落基山脉关系更密切。怀特山脉和其他西部山脉的高山植物区系完全不同，即使它们有一些植物与内华达山脉相同。由于干旱，林线经常难以确定，高山地区的下限有时以缺乏木质的大蒿属植物而不是乔本来界定。在比较潮湿的地区有白皮巴尔干松树、恩格尔曼氏云杉、林用松或者亚高山冷杉形成的高山矮曲林，多岩石的、干燥的开阔地上稀疏地覆盖着不同种类的草。有积雪的地方供养着非禾本草本植物和禾草状植物，如雪兔莎草。

鲁比山与落基山脉更相似，降水较多，植物种类也多。草地地带主要以北极柳、麋鹿莎草、驴蹄草和美洲拳参等植物为主。由高山水杨梅属植物和苔藓剪秋罗属植物组成的垫子占据了干燥的荒原或岩石山脊的大部分。池塘周围湿润的土壤供养着落基山莎草。

怀特山脉，因其岩石的颜色而得名，寒冷、干燥，高山植被稀疏。山上图形土是更新世的遗迹，由于几乎没有植被覆盖，极其醒目。尽管大盆地的最高山脉受过高山冰川作用，但怀特山太干燥，雪无法积累下来。如果没有冰川作用，高山地貌仍然是起伏的高地。在高山植物区系的200个物种中，62%可以在内华达山脉上见到，但只有28%生长在落

狐尾松

狐尾松是长寿的松树。最长寿的一棵松树在斯内克山的惠勒峰上，生长了4844年，1964年才被砍伐掉。怀特山第一松有4300年的历史，其生长地被认为是在怀特山和惠勒峰上的大盆地国家公园里。狐尾松在大盆地的许多高山上都有生长，通常在海拔9000~11500英尺（约2750~3500米）高的地方，那里夏季气温几乎达不到50℉（约10℃），处于高山带的边缘。不像高山植物具有矮小的身材，狐尾松暴露在恶劣的天气情况里——严寒，强风，被风吹起的冰雪，还有强烈的辐射。狐尾松可以长成大树，也可能长成高山矮曲林。小树是直立的，并且长得直，老树虽然非常巨大，但因受到漫长历史环境的破坏而折损或扭曲。石灰石或白云石是它们偏爱的基质。针叶，一束有5个，留在树上进行光合作用；大多数其他松树针叶几年就得替换一次。关于狐尾松长寿原因的猜测和理论有很多，但没有达成共识。已经活了三四千年的狐尾松仍可以继续开花和结籽。克拉克灰鸟在得不到其他食物时，会以狐尾松的种子为食，这可能是帮助这个物种得以永生的原因。这些鸟采到种子后将它们深埋地里，种子不受恶劣天气的影响，能够萌芽长出幼苗。

基山脉上。植物分布与岩石类型密切相关。除了狐尾松树群所生长的地方外，白云岩（一种石灰岩）基质是干燥、贫瘠的，只有康维尔草夹竹桃属植物形成的垫子，几乎没有植物覆盖。花岗岩荒原上有较多的植物覆盖，主要以单片三叶草为主。起源于寒冷荒漠的天花菜类植物松鼠尾草在以上两种基质上都有生长，但花岗岩上更多。三个物种——十字花科植物、梅森花蕊和蔓生飞蓬——只在海拔1.3万英尺（约4000米）以上的地方生长。许多植物都是毛茸茸的，以适应严冬酷暑等恶劣条件。怀特山降雨、降雪都特别少，人们看不到雪层或沼泽群落。

大盆地栖息地面积较小，其上的高山冻原上的动物有限，常见的动物有鼠兔、波氏白足鼠和黄腹土拨鼠。草地和草本植物区域生长着北部囊鼠，它是与落基山脉有密切联系的标志性动物。孤立区域有罕见的大角羊群。短尾鼬是常见的啮齿动物杀手。鸟的种类不如喀斯喀特山脉和落基山脉多，但可以见到石䳭鵖、角云雀、克拉克灰鸟、金雕和红尾鹰。

落基山脉 落基山脉的高山地区是科学家研究最多的地区，特别是尼瓦特山脉和科罗拉多州弗兰特岭的小径山（Trail Ridge）。落基山脉曾经是古老的持续的生物迁徙路线，它有着丰富的相似的高山植物区系，一路向南，直到墨西哥州北部。北极植物高山酢浆草是最常见的植物之一。高山群落的典型特征是在受到风、水分、积雪和岩石影响的小生境

冰川水

科罗拉多州的博尔德市位于半干旱的科罗拉多落基山脉山脚的大平原上。几乎一半的城市供水来自冰川，它在美国的城市中是独一无二的。20世纪初，这个城市购买了银湖，融化的雪水在银湖聚集起来，流入博尔德溪，从小镇穿过。在20世纪20年代，柏灵顿市郊铁路带动了去阿拉巴霍冰川的短途旅游，吸引了成百上千的来自芝加哥地区的游客，他们在那里的雪和冰上游玩。因担心水质可能出现

的潜在危机，博尔德市从罗斯福国家森林保护区以每英亩 1.25 美元的价格购买了 3869 英亩（约 16 平方千米）的土地，包括阿拉巴霍冰川及其整个流域。为了保持水的清洁，这个流域现在对公众关闭，使周围的高山生态环境完好无损。如果从事科学研究，或许可以得到许可证进入。

里，生物群落形成马赛克图案。

南部落基山脉包括科罗拉多州和新墨西哥州的许多山脉，地貌和气候多种多样。虽然高山曾受过高山冰川的侵蚀，但原有高地也不都是断裂的，大的区域仍是林线以上崎岖的广阔区域，如落基山脉国家公园里的小径山。科罗拉多西南部的圣胡安山刚好处在西风和气旋风暴的通道上，冬季雪大，夏季雷多。新墨西哥州的桑格里克利斯托山与主要的山脉隔离，但也有相似的植物群落。北极植物的生长通常局限在落基山脉南部潮湿的沼泽，比北极地区见到的同一种植物长得小。在北部山脉上常见的山仙女木蒿草，在北极地区几乎不生长。从科罗拉多州延伸至蒙大拿州的中落基山脉也有多种多样的地貌和多样类型的岩石，植物群落也多种多样。因为石灰石不能蓄水，冰川国家公园里的钙质土壤供养着与别处干燥地区相似的植物群落。

美国落基山脉林线的主要物种是恩格尔曼氏云杉和亚高山冷杉。在蒙大拿州，柔软的松树生长在干燥的地方，而白皮巴尔干松占据着比较潮湿的地方。在加拿大的山脉上，高山落叶松和西部铁杉与林下的石楠灌木共同生长在比较湿润的气候中，这种气候与喀斯喀特山脉相似。阿拉斯加和育空地区的林线类似于从北方森林到北极冻原的过渡，林线的主要树木是白云杉、黑云杉和美洲落叶松。

乱石头坡和碎石斜坡被几种非禾本草本植物的长成网络状的地下根茎固定，这些植物包括黄芪属植物、莘荔属植物和刘寄奴属植物。巨石地的植物包括许多虎耳草属植物和高山酢浆草。荒原上的植物在大面积无雪地区依靠稀少的雪融水生存，开花早。高山报春花属植物形成的莲座丛、高山草夹竹桃属植物形成的垫子、高山屈曲花属植物、苔藓剪秋罗属植物、矮三叶草和许多其他植物用五颜六色的花卉点缀着大地。在冬季以蒿草属草丛为主的莎草草甸仅生长于雪被吹走的地区，草甸上面的植物暴露于极端的天气中，但草甸比其他任何高山群落的物种都多。其他的植物包括单花的圆叶风铃草、北极龙胆属植物和一些小型植物。大约有五分之一的植物是地衣，数量最多的是冰岛苔，它们广泛分布在北极以及北美洲的整个高山地区的多风无雪的地方。雪层上最常见的植物之一是银毛茛属植物，当雪融化时，它们会在雪的边缘开花，匍匐攀附的北极柳也在雪层的边缘生长。世界上许多高山地区可以见到簇生的羊胡子草草丛，它们在雪层里形成一个像草原一样的植物群落。拳参和攀附的山莓草属植物也很常见。雪层的中心在整个夏季水分饱和，所有雪层上的植物，按照决定生长季长度的雪融化的时间，在相应的地点生长。

高山研究所

对北极和高山进行研究的机构是科罗拉多大学研究生院的一个跨学科的研究机构。来自不同学科领域的学生，包括人类学、生态学、地理学、地质学、大气科学和海洋科学的学生，对关于自然过程和与人类有关的过程如何影响地球表面进行研究。课程集中在生态系统、地球物理学和地球变化上。研究人员在极地和高山研究课题方面有特殊的专业知识，如北极和南极的水文地理学、大气动力学、高山生态学和气候学、外来物种、北极气候变化和变异性、同位素地质年代学和古生态学。了解环境过程是处理解决世界问题如水质量的保持、长期环境改变的后果的一个先决条件。位于博尔德市以西20里的高山研究站提供以各个领域为基础的课程和研究机会，这个研究机构在尼瓦特山脉 1.228 万英尺（约 3743 米）高的地方设有气象站。

土壤中长势良好的植物会受到在积雪下面挖地道的囊鼠的影响，这些植物包括高山水杨梅属植物和高山鼠尾草属植物。这些移居来的植物长得又大又艳丽，引来蜜蜂和蝴蝶为其传粉。饱含水的土壤和高山湿地环境成为经常干旱的冻原上的绿色斑点。沼泽经常出现在冰斗湖中有水流出的地方。落基山莎草是主要的莎草，但也能见到其他莎草。肉质的景天属植物很普遍，如玫瑰皇冠。肉质多汁是一种有益的适应能力，有利于保持水分，因为植物很难从寒冷的酸性土壤获得水分。驴蹄草和羊胡子草通常生长在潮湿的地区。一些灯芯草生长在碎石多的小溪中，还有几种类型的柳树沿着河道长成灌木丛。

亚伯达省的北落基山脉主要由沉积岩或变质沉积岩构成。那里的植被因地理位置、冰冻作用、微生境和基质的不同而存在着巨大差异。与南落基山脉和中落基山脉相反，北落基山脉的主要生长形态是矮灌木，有轮生叶石楠等常青植物，以及其他落叶物种，如柳树。潮湿地区生长着草和莎草，干燥的山脊上有莲座丛和垫状植物生长。最干燥的地方是岩石多的冻原和荒地冻原，主要生长着山仙女木、北极柳和北极轮生叶石楠等铺地植物，还有高山疯草莲座丛。更具有北极气候特征的铺地植物也在这里生长，包括黑果岩高兰和高山石楠。麋鹿莎草和雪兔莎草草丛形成草甸。草甸和雪层上生长的植物的生长季最短，它们冬季需要保护，夏季需要水分。

北极和高山地带在阿拉斯加和育空地区融合，那里的高山生态环境和植物群系与北极相似。阿拉斯加地处北纬69°的东西走向的布鲁克斯山是气候屏障，它阻止北上的气团通过，使它们不能继续向南行进，在阿拉斯加内陆把北极冻原与北部森林分开。在山的南坡上有云杉林线，但是北坡上没有森林。因受坡度、朝向、土层深度和质地等不同因素影响，植被形成马赛克图案。海拔最高的裸露地方有长着苔藓的驯鹿地衣泥炭。岩石多的山顶区域、巨石地和荒原主要限于北地杨梅和斑点虎耳草生长。干燥山脊上最常见的植物群落由稀疏的垫状和铺地植物组成，其中90%是山仙女木。下坡比较深的土壤里生长着柔和的桦木、柳树和石楠灌木。在土质优良、排水不畅、有机层厚的平缓的斜坡上有莎草草甸或者羊胡子草草丛，与低北极冻原的情况相似。矮生灌木如沼泽拉布拉多茶和笃斯越橘也在这里生长，但苔藓占植被覆盖的35%。

一些植物组合占据着有积雪的地方。生长季最短的雪层中心有非禾本草本植物毕格罗莎草和拳参生长。生长季较长的一些地方生长着被地衣–石楠包围的北极轮生叶石楠。在积雪融化最早的地方，山仙女木和柳树荒原得以发育。

偶尔可以看到北美黑尾鹿和叉角羚啃食湿草地上的草、柳树和高山矮曲林。北美野牛和麋鹿从前在一些山区的高海拔地区可以见到，但是现在大部分已消失。然而，在一些地方麋鹿已经重新引进。在整个冬季，公麋鹿偶尔会留在冻原上，啃食开阔草原上的草。

野山羊出产于阿拉斯加东南部、加拿大以及美国蒙大拿州西部的高山上（见图3.10）。在落基山脉的偏远地区，野山羊数量众多。白大角羊

图 3.10 野山羊原产于北落基山脉 （作者提供）

全身都是白色，以其细细的羊角而突出，它们的分布范围从美国阿拉斯加到加拿大不列颠哥伦比亚省北部。高山大角羊分布在美国落基山脉，偶尔在大盆地地区也可以见到。科罗拉多州的大多数大角羊生活在东面斜坡上，那里冬季没有积雪覆盖的岩石峭壁为它们提供了草料。大角公羊妻妾成群，羊羔在5月至7月间出生，出生三天就能跳跃和攀登悬崖。

啮齿类动物分布广泛。灰鼩鼱、波氏白足鼠、石楠田鼠和草地田鼠可以在各种各样的栖息地上见到。在潮湿的草地上，最常见的小型哺乳动物是草地田鼠；在柳灌丛中，最常见的是灰鼩鼱和水鼠；高山矮曲林是黄腹土拨鼠和田鼠的家。鼠兔生活在岩石堆里，在育空地区和阿拉斯加可以见到环颈鼠兔，美洲鼠兔在加拿大阿尔伯塔省、不列颠哥伦比亚省和美国的栖息地上见到的相似。最常见的两种土拨鼠生活在落基山脉上。原产于阿拉斯加，后出现在爱荷达州北部的灰白土拨鼠，已被生活在美国落基山脉大部分地区的黄腹土拨鼠取代。阿拉斯加土拨鼠仅生长在阿拉斯加北部。

从遥远的北落基山脉，向南一直到蒙大拿州和怀俄明州的冰川及黄石国家公园，人们不时见到棕熊。短尾鼬捕猎啮齿动物，灰鼩鼱以小型无脊椎动物为食。

白尾松鸡、水鹨、岭雀属鸟、角云雀和金雕，是北美洲西部大多数山区的典型鸟类。

大多数两栖动物和爬行动物受到低温的限制，但是一些北部森林蟾蜍能生活在落基山脉西南部海拔高的地区，科罗拉多州的一些火蜥蜴也能在这里生活。蚂蚁连同常见的授粉昆虫如大黄蜂和飞蝇，一起居住在科罗拉多州的高山地区。

华盛顿山和北美洲东部其他高峰　北美洲东部的阿巴拉契亚山脉比西部的山脉古老，呈圆形的外貌，山顶较矮。山上的植物与北极的关系比与落基山脉的关系更密切。在更新世冰盖形成之前就已经向南迁徙的北极植物区系，在气候变暖、冰川消融时，逐渐退到山上生长。现在的高山生态环境只局限于在更新世时期被大陆冰川覆盖的孤立的山峰上，包括卡塔丁山（缅因州）、怀特山脉（新罕布什尔州）、格林山脉（佛蒙特州）、阿迪朗达克山脉（纽约州），以及加拿大的一些高峰，如加斯皮半岛的圣母山和拉布拉多南部与魁北克省东部的高地。与北美洲西部的高山相比，这里的山脉海拔不高，但寒冷、雪大、多雾的气候条件迫使林线变低。像其他高山地区一样，最暖月份的平均气温低于50℉（约10℃），夏季生长季持续4~5个月。虽然有干燥的微气候条件，但大气候是湿润的，全年降雪、降雨，也常见多雾天气。怀特山脉中的华盛顿山，年平均降水量为90英寸（约2280毫米），经常有下雾或结冰的情况出现。

在更新世时期开始发育，现在已不再活跃的图形土，可以由在片岩和片麻岩的结晶岩石形成的土壤中见到。由于有极端的气候条件存在，高山矮曲林或者林线地带所覆盖的海拔范围广，在海拔4800~5300英尺（约1460~1600米）之间。在大的圆石下，经常可以看见受到庇护的发育不良的树木。华盛顿山的特有植物群落的出现，反映了植物群落与雾、积雪和风等环境因素的相互关系。林线物种受持续性大雾天气的影响，有别于西部山脉和北极的物种。香脂冷杉占主导地位，但只在北极沼泽中可以见到的黑云杉和北美白桦小树林也很明显。悬浮的树木表明了盛行风的强大。虽然风很大，但有浓雾和积雪的山峰在整个夏季是湿润的，可以供养以毕格罗莎草、金发藓和冰岛苔为主的莎草草甸。因雾天不断出现，渗漏的砂土也能保持湿润。雪堤在7月初会融化掉，它的植物群落在大雾之下有最丰富的物种，有石楠和柳树灌木，还有垂头发草。

在水分不多的地方可以见到几种不同的灌木石楠植物群落，那里雾天较少，或者降雪较少，水分也相应地变少。事实上，怀特山脉的高山地带占主导地位的植被类型（见图3.11）就是灌木石楠植物。在东部高山地区，笃斯越橘是最常见的灌木，还有高山岩高兰和甜蓝莓。

其他长得矮的植物，如拉布拉多茶灌木、毕格罗莎草、高地灯芯草，以及格陵兰雪草与拉普兰岩梅属垫状植物，因生长地点不同而不

图 3.11　在岩石中受到保护的矮石楠灌木是华盛顿山和其他北美洲东部山脉的典型植物　(作者提供)

同。石松属植物生长在对它们起到保护作用的灌木下。在没有雪覆盖、被风肆虐的地上有一层稀疏的岩梅属垫状植物，生长着一些高地灯芯草和个头矮的笃斯越橘。阳光明媚的河边地带有沼泽植被、熊果柳灌木、薄叶桤木和三齿委陵菜，还伴有莎草和在母株上发芽的拳参。沼泽面积有限，上面主要生长毕格罗莎草。这些山区的大雾会过滤太阳辐射，全年湿度得到保证，几乎没有毛茸茸的肉质植物。华盛顿山上占主导地位的石楠和地衣植被与北极的植被极其相似。华盛顿山上70%的维管(束)植物起源于北极。枝状地衣，也是北极地区的代表，在寒冷、潮湿的环境中更常见。壳状地衣在比较干燥的地方更突出。

　　北美洲东部高山上生存的动物有限。典型的物种包括波氏白足鼠、草地田鼠和被称为美洲旱獭的土拨鼠。美洲旱獭与土拨鼠亲缘关系紧密，可以长到20英寸(约50厘米)长，体重不足6磅(约2.7千克)。像土

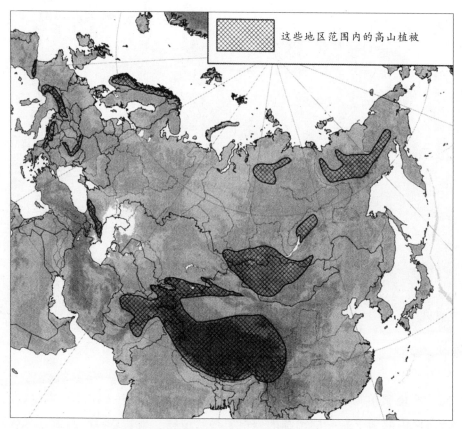

图 3.12 欧亚大陆的高山冻原 （伯纳德·库恩尼克提供）

（图例：这些地区范围内的高山植被）

拨鼠一样，它们更喜欢毗邻草地的岩石栖息地。短尾鼬和体型中等的鼩鼱也很常见。常见的鸟类有石板色灯草鹀和白喉带鹀。红尾鹰是最常见的猛禽。

欧洲高山冻原

大多数欧亚大陆的山脉为东西走向，这使山顶和北极之间的动物迁徙通道几乎无法形成（见图3.12）。因此，欧亚大陆高山群落拥有的北极植物不如有着相似栖息地的北美洲多。然而，这里的大多数植物和动物是北美动植物的近亲。虽然在欧亚大陆生存的北极物种很少，但生长形态与北极冻原的生长形态相同。

　　欧洲阿尔卑斯山脉　　欧洲阿尔卑斯山脉从北向南只延伸很短的距离，从北纬44°到北纬48°，涵盖750英里（约1200千米）的弧度，从西部的法国到东部的奥地利。山脉的最宽处只有150英里（约240千米）。高山条件大体上在海拔6500英尺（约2000米）以上的高度存在。最高的山峰是西部的勃朗峰（15771英尺，约4807米），伯尔尼纳峰在中间（13284英尺，约4049米），大格洛克纳山在东部（12457英尺，约3797米）。山上都有高山冰川。像喜马拉雅山脉、安第斯山脉和落基山脉一样，阿尔卑斯山脉也是年轻的山脉，起源于第三纪。高原古老的侵蚀面，在高山上升的地质暂停过程中形成。在高原上海拔5900英尺（约1800米）、8200英尺（约2500米）和9850英尺（约3000米）高的地方分别形成像台阶一样的三个平面。在更新世时期，冰几乎完全覆盖了阿尔卑斯山脉，山谷冰川磨砺着地表，在山谷中沉积下大量的冰碛石。石灰质基岩和土壤是山脉外部的特点，而花岗质物质是山脉内部的主要成分。所有的土壤都是新近发育的，可以反映出基质的特点。土壤与植被紧密对应。几千年来，人类活动已经在很大程度上破坏了阿尔卑斯山脉，所以也破坏了自然植被的组成成分。

　　阿尔卑斯山脉、比利牛斯山脉、喀尔巴阡山、高加索山，以及巴尔干半岛北部的山脉，处于两个生物群落之间：北方的温带落叶阔叶林和南方的半干旱的地中海生物群落。世界上没有其他的山脉占据类似的位置。一半的高山植物群落源自欧洲南方及中部低地，而另一半则从北面和东面扩散而来。阿尔卑斯山脉上没有当地特有的植物科，只能见到一些当地的植物属。风铃草、葶苈、马先蒿属植物、报春花属植物、毛茛属植物、虎耳草属植物和紫罗兰属植物包含许多当地特有物种。一些当地特有的物种遍布整个阿尔卑斯山脉，另一些则集中生长在避难所。有一半的植物分布受到限制，而另一半是更新世时从北极或中亚高地迁徙而来。

极端天气

华盛顿山的顶峰只有6288英尺（约1917米）高，但它却以在几分钟之内就能从阳光明媚的温暖天气变为冻雾和强风的天气而闻名。已经有100多人在山顶或斜坡上丧命，许多情况发生在夏季月份。这种极端天气源于一套独特的环境，包括南北走向的山脉和所处的位置，三种风暴路过并在这里汇合成喷射气流。夏季的平均风速为25英里/时（约40千米/时），在冬季增加到45英里/时（约72千米/时）。在冬季，每三天就会有100英里/小时（约160千米/小时）的风。有史以来地球表面最大的风，以231英里/时（约372千米/时）的风速，于1934年4月刮过华盛顿山。那里的建筑物和大型仪器需用链条束缚，以防它们被大风损坏。即使没有风，气温也会持续寒冷。年均气温只有26℉（约-3℃），在冬季，极端的温度是-47℉（约-44℃）。寒风会使温度降低到-120℉（约-84℃）。夏季曾经出现过的最高温度为72℉（约22℃）。降雪多，雪经常被大风刮走，每年平均降雪255英寸（约650厘米）。有史以来在一个季节降雪最多的纪录是566英寸（约1438厘米）。山顶一年有300多天下雾。如果清洁的空气缺少冷凝核（冰依附的粒子），就会结成过冷水滴，这意味着尽管气温在0℃以下，水滴仍无法改变形态而变成固态。当过冷的雾接触到建筑物或仪器时，水滴会迅速冻结，给物体穿上一层厚厚的冰晶外衣。在1870—1892年期间曾有过气象记录，但直到1932年才有研究人员居住。独立运行的华盛顿山天文台现在有一些科学家和志愿者在这里做气象测量，对冰物理和宇宙射线等不同课题进行全面研究。

从外围地域到域内山谷经历着不同的高山气候，气候也从东向西发生变化，但一般在温暖的时期都有足够的雨水供植物生长，在冬季气候寒冷时，气候条件有利于植物冬眠。夏季降雨，北坡和南坡湿润。冬季下雪，年降水量可达100英寸（约2500毫米）。中央山脉的部分地区呈现大陆性气候的特点，有极端温度。植物群落按照在高山边缘或者山里的不同位置，分布在海拔高度不同的地方。

阿尔卑斯山脉外围地区的林线物种是挪威云杉或匍匐松树，内部和中央地区有欧洲落叶松和意大利五针松或山间松林形成的混交林。陡峭山坡上的自然植被通常未受到人类活动的干扰。数百年来人们为发展农业而砍伐树木，在阿尔卑斯山脉大多数地方，天然林线已经无法辨认。陡峭山坡的森林被雪崩或者泥石流摧毁。没有树木生长的露出地面的岩层，尤其在石灰石地区，如意大利北部地区的白云石山脉，使林线复杂起来。

高山地区有生长着亚灌木石楠的较低带，茂密得像草原一样的草地或草甸的较高带和亚恒雪带。处于较低带的一些亚灌木石楠可能是被砍伐森林的林下生长形态，但没有办法分辨出哪些是森林砍伐留下来的，哪些是高山植被。两者之下都是长得密实的苔藓或者地衣层。占主导地位的灌木是杜鹃花属植物、蓝莓，或是攀附的映山红，微生境决定着它们的生长。因积雪融化得太快，在较低带没有雪层植物群落。在比较潮湿的地区中心有席草生长，边缘有矮生灌木生长，如杜鹃花。冰冻作用使封闭的植被覆盖无法在裸露的山脊上形成。

较高带的起点是由高山草地形成密实的毯状植被，然而，由于栖息地干旱，草地上主要生长莎草。基质的酸度决定了不同种类的苔属植物。与苔属植物相伴的是长着根状茎的莲座丛、木质的蔓生铺地植物和小矮灌木。枝状地衣生长在莎草科植物之间。在没有积雪保护的暴风肆虐的山脊上，蒿草属莎草会取代苔属植物。山脊上的气温低于-58℉（约-50℃），蔓生杜鹃花、紫色虎耳草属植物和苔藓剪秋罗属植物都能适应这一温度。相比之下，在夏季，微气候的温度能接近100℉（约37.8℃）。石莲花生长在表面炎热干燥的地方，多汁植物不受干旱的影响。在陡峭的阳光明媚的山坡上，牛毛草取代了莎草。

匍匐绿桤木主要生长在雪崩沿途，其下的土壤富含氮。绿桤木树下的非禾本草本植物长得比正常的大。在受到干扰的区域上，例如易受运动影响的岩屑堆，主要的生长形态是匍匐铺地植物和固定碎石的植物，松散的岩石表面提供了可以扎根的孔或裂缝。球形垫状植物地梅也有生长，它们的根系只需要很小的空间。地衣和苔藓很多。高山火绒草能在岩屑堆山坡和草甸上生长。挪威金发藓能在短暂的无雪期生长在雪层最潮湿的地方，而匍匐柳树则生长在雪层的边缘。雪层植物在冬季需要保护以防冰冻，如果温度降得太低，多种植物就无法生存。对温度敏感的植物与温暖的中温带或地中海地区关系密切，耐冰冻的植物通常起源于北极或北部高山地区。

亚恒雪带是向永久积雪地区的过渡带，它以成块的草地和分散的垫状植物为特点。在这个区域，植物生长在起着庇护作用的阳光明媚的生态里。在奥地利的厄兹塔尔，永久雪线是10170英尺（约3100米），但是一些植物却能生长在海拔11480英尺（约3500米）高的地方。在海拔12073英尺（约3680米）的地方生长的冰川毛茛属植物，从前被认为是阿尔卑斯山脉上最高的维管（束）植物，后来人们发现双花的虎耳草属植物比它所处海拔还高，长在海拔1.46万英尺（约4450米）的地方。苔藓、地衣、细菌和海藻在更高的位置生长。

马鹿和岩羚羊是常见的食草动物，它们在同一地区数量过多会对亚高山森林造成伤害。高山野生山羊稀少，只能在阿尔卑斯山脉上见到，有亲缘关系的物种在比利牛斯山脉和高加索山脉也能见到。野生山羊从前分布广泛，后来在意大利西北部的大天堂山上减少到一小群，但现在野生山羊已被成功地重新引进到了阿尔卑斯山脉的其他地方（见图3.13）。土拨鼠是最引人注目的啮齿类动物。雪田鼠和高山鼩鼱都是阿尔卑斯山脉当地特有的动物。雪田鼠的至亲生活在西伯利亚东部。特有物种的存在说明了欧洲山脉是相对孤立的，而与亚洲东部物种的相似性反映了物种从东至西的迁移路线。大多数大型肉食动物已经被捕杀得接近灭绝，如棕熊、狺狸、胡秃鹫和金雕，金雕现在受到了保护。小型肉食

图 3.13　图中的野生山羊生活在意大利阿尔卑斯山脉的大天堂山附近。野生山羊起源于欧洲和亚洲的许多高山　（作者提供）

动物包括以虫为食的高山鮈鱇，还有野猫。

　　欧洲的阿尔卑斯山脉被人们广泛地利用，人们在林线附近建造了许多永久定居点。在夏季，高山草甸上会有人放牧，人们也收割因过于陡峭而无法放牧的山坡上的干草。陡峭山坡上的森林转换为牧场增加了雪崩的频率，大约一半的崩塌可以归因于当前人类的活动。现在欧洲国家以不同的方式使用山区，一些继续从事传统农业，而另一些放弃了土地。旅游和娱乐产生了很多影响，特别是滑雪坡的建造，对植被和土壤造成了破坏。

中亚高山冻原

　　除了喜马拉雅山脉及其邻近的山脉，亚洲的高山体系总的说来位于苏联的南部和中国境内。喀尔巴阡山、阿尔泰山和萨彦岭不受温带森林的影响，天山山脉被沙漠包围。天山山脉和喀尔巴阡山得到的研究最多，前者更具有大陆性，而后者更受海洋影响。

天山山脉 天山位于北纬42°，是东北—西南走向的山脉，位于吉尔吉斯斯坦和中国塔里木盆地的交界处。高山地区的平均海拔是13450英尺（约4100米），有些山峰高度超过16400英尺（约5000米）。部分山脉是海拔12500英尺（约3800米）的高原。所有的高山都经历过冰河作用，山麓冰川覆盖着高原，冰碛和冰水沉积现象很普遍。连续永冻土带在海拔超过10800英尺（约3300米）高的地方存在。天山高山地区的全部物种中的70%起源于帕米尔–天山地区或南亚和中亚的其他地区。北极开花植物只占植物总数的10%～20%，较常见于潮湿的群落。几乎没有植物和欧洲南部的高山植物区系有亲缘关系。

这里环境恶劣，海拔高，相对纬度低，四周干旱，太阳辐射强，天

比利牛斯山脉

比利牛斯山脉把利比里亚半岛同欧洲的其他地方分开，它是来自西北的气旋风暴的一个障碍。法国所在的那面山脉受到风暴的冲击，凉爽而多雪，而处于雨影中的西班牙那一面，温暖干燥。气候的差异也反映在植被上。白冷杉和欧洲山毛榉森林覆盖着北边山坡，而南边山坡则上生长着灌木和草。山脉的两面都有很深的经历过冰川作用的山谷和活跃的冰川。位于海拔11168英尺（约3404米）的阿内托峰是山脉的最高点。植物区系和动物区系与阿尔卑斯山有许多相似之处，但也有许多当地特有物种，如比利牛斯虎耳草属植物、鸢尾属植物和蓝蓟。比利牛斯臆羚，或称羚羊，比阿尔卑斯山的岩羚羊略小。土拨鼠已经成功地被再次引入。斯洛文尼亚棕熊也被引入，来补充数量减少的比利牛斯山脉的棕熊，它们的遗传基因相似。

凯恩戈姆山脉

格兰扁山脉和苏格兰中部的凯恩戈姆山脉的最高山峰是海拔4406英尺（约1343米）高的本尼维斯山和4295英尺（约1309米）高的本迈克杜威山。虽然海拔高度相当低，但在许多山坡和山脉的顶峰上有冻原植被的残留物、更新世留下的遗物。在更新世，英国几乎完全被冰川覆盖，高山植物的祖先在冰川的边缘幸存下来。由于有温暖的近海洋流，现今的气候相对于中纬度的位置来说较温和，这与北极海岸的沿海冻原的情况相类似。在北极还可以见到许多高山植物。鸟类有许多种，在北极冻原上可以见到松鸡。

山的气温和生长季的长度与北极冻原的部分地区相当。在夏季的大多数夜晚，气温和土壤温度都低于冰点。高山地区的下限是9500英尺（约2900米），那里7月平均气温是50°F（约10℃），1月平均气温是–4°F（约–20℃）。生长季的长度从下限的六个月缩短到上限（13100英尺，约4000米）的一个半月不等。由于地表炎热，夏季风大。然而，由于辐射制冷和空气下沉，夜晚无风。冬季风也不大，因为主导高压由冷风引起。山脉干燥，每年只有6英寸（约150毫米）的降水。即使在比较湿润的夏季，降水也可能以冰雹或雪的形式发生。冬天的积雪持续2~6个月，积雪很薄，且分布不均。在低于海拔11500英尺（约3500米）的地方，植物群系具有耐旱性。海拔越高，就越潮湿。在亚恒雪带，月平均气温很少在0℃以上，永久冰雪地带始于海拔14100英尺（约4300米）的地方。

由于高山从沙漠里升起，所以没有亚高山森林。在比较潮湿的北边山坡上只有稀疏的中亚云杉林线存在。几个界线重叠的高山群落由海拔、温度和降水量决定。土壤水分是最重要的因素。东部地区发育最好的两个最低的高山地区是荒漠和半荒漠，年降水量大约有8英寸（约200毫米）。

喀尔巴阡山脉

　　喀尔巴阡山脉从斯洛伐克向东，经过乌克兰西南部到罗马尼亚。海洋对它的影响，可以从它的年降水量55英寸（约1400毫米），温和的冬季与夏季气温看出。高山被森林而不是沙漠包围，大约有一半以上的高山植物由北方森林或落叶林的元素产生。最高峰戈韦尔拉峰仅有6762英尺（约2061米）高，林线海拔位置的变化取决于人类活动。天然植被充斥着松树和杜鹃花灌木，还有因水分充足而生长的草本植物。石楠植物和藓类植物也是典型的植物。天然灌木群落被次生草甸取代，那里人类影响是最多的。当过度放牧发生时，其他的牧草会被席草取代，这是人类引发的变化的最后阶段。

　　两地土壤都含盐分，腐殖质少，根本的差异是草的覆盖量不同。在海拔大约10000英尺（约3000米）的沙漠地带，干旱与贫瘠的土壤供养着一层蒿属植物和耐盐的灌木，还有一些匙叶草属植物和矮的灌木般的垫状植物。略微潮湿的半荒漠地区仍以蒿属植物为主，但也有针茅草和一些其他的开花植物。

　　山坡上较高的地方是干燥草原和寒冷草原。土壤通常含有盐分。干燥草原有9英寸（约230毫米）的降水，主要有羊茅草丛、穗状花序羊茅草和类针茅草生长。非草物种极少生长，地衣很常见，特别是壳状地衣和枝状地衣。寒冷草原，略微潮湿和寒冷，有一个由像紫菀属植物的雪莲主宰的完全不同的群落，在较高海拔有疯草生长，在较低海拔有羊茅、假苇拂子茅和类针茅草。也有其他开花植物稀疏出现。

　　较高海拔地区降水更多，温度更低，更潮湿。草原草甸能得到11英寸（约280毫米）降水，并有4个月的生长季。雪融水在春季提供了足够的水分，但在夏季土壤会变干。植物群落里占主宰地位的是蒿草属莎草或天山羊茅。虽然能够见到紫菀属植物、龙胆属植物和一些其他植物，但因为有伏旱，非禾本草本植物很少见。在海拔略高，湿度略大的地方，深层土壤（10英寸，约25厘米）的潮湿草地分布广泛，尤其在背阴的斜坡及河流阶地上（见图3.14）。最典型的植物群落是蒿草属和苔属莎草群落，包括一些植物群丛中的75种开花植物。鬼箭锦鸡儿豆科植物和高山莓系属的牧草占主导。许多枝状地衣和叶状地衣以及一些苔藓生长在土壤表面。在冰冻的多边形地形限制植被覆盖的地方，有点状梅属垫状植物、毛茛属植物、雪莲和壳状地衣生长。这些分布广泛的潮湿的场所是由植物、食草动物和肉食动物构成的、相当复杂的生态系统存在的基础。

永久积雪和冰之下的最高的高山地区位于海拔13000英尺（约4000米），在这里草本植物冻原和垫状植物群落与北极所见到的相似，植物在浅的石质土上没有形成连续的覆盖，只形成一些图案，与冻腾冻原相似。垫状植物占主导，但只覆盖了10%～30%的地面。大多数开花植物和藓类植物生长在垫状植物形成的垫子内。

图3.14　天山山脉上茂盛的草原被积雪覆盖的山峰包围着　（作者提供）

在高山地带的任何高度，在有地下水到达地表的地方，都可以发现沼泽群落。这里的土壤是泥炭潜育层，有机质含量多达60%。苔属植物物种占主导的莎草群落是所有沼泽的特征。非禾本草本植物包括马先蒿属植物、种子在母株上发芽的拳参和毛茛属植物。苔藓生长在土壤表面。

尽管许多植物物种只限在某一特定的群落存在，但天山的动物往往分布更广泛些，占据着多个不同高度的地带和栖息地。除了最高的潮湿草地和草本植物冻原之外，灰土拨鼠在所有群落中都常见。在崎岖不平和岩石多的地方土拨鼠数量丰富。灰仓鼠只生长在海拔低的地方，在靠近干燥草原的沙漠里。大耳鼠兔、南鼹鼠和银山鼠只在海拔较高的地方生活，从干燥大草原到潮湿草甸都有它们的栖息地。田鼠和土拨鼠是潮湿草地上最典型的哺乳动物。在草原上吃草的有蹄类动物是西伯利亚野生山羊、盘羊及克孜勒库姆沙漠羊。肉食动物包括鼬鼠、狐狸和偶尔出现的棕熊及狼，尤其在海拔较高的地方。鸟类，包括角云雀、蒙古沙鸻、雪雀，在干燥的群落里数量丰富。白翅红尾鸲和高山黄嘴山鸦也很常见。在沼泽地区，田鼠是唯一的永久居民，水鹨是唯一筑巢的鸟类，也有其他动物和鸟也在沼泽觅食。

喜马拉雅山脉 位于大约北纬30°的孤立的喜马拉雅山脉上有世界上最南和最高的高山生态系统。喜马拉雅山脉山体的大部分由酸性岩组成，如花岗岩和片麻岩；土壤是年代短的风积土。在海拔低于13000英尺（约4000米）的地方，地貌特征是U形冰川谷，在较高的山坡上有冰碛。山谷底部满是泥泞的冰水沉积物质和冲积扇，它们是在山谷冰川消退之后在陡峭的谷壁上形成的。泥流作用发生在海拔13000英尺（约4000米）以上的位置。在海拔超过14750英尺（约4500米）的地方，被残骸覆盖的冰川充斥着高于冰的陡坡（险峻的山脊）之间的谷底。由于有陡坡和冰冻作用，岩屑堆山坡数量丰富，它们为先在这里生长的植物提供了栖息地。较低的高山地区的特点是所有山坡上都有封闭的植被。在较高的高山地区，莎草铺地植物和垫状植物在大块岩石的庇护下生长或者生长

喜马拉雅山脉上的物种形成

喜马拉雅山脉处于亚热带纬度地区，它和北极冻原几乎没有植物区系关系。在这两个地区，木本多年生植物都不常见，但喜马拉雅山脉有20种环极地草本植物，包括种子在母株上发芽的拳参、一种苔属植物莎草、杂草、蒿草、冰岛马齿苋和高山酢浆草。隐花植物区系鲜为人知。冰岛苔、驯鹿地衣和白虫地衣等枝状地衣物种占主导，但没有形成面积大的毯状层。山脉供养着独特的多种多样的高山植物。在北极只有6种虎耳草属植物，在喜马拉雅山脉上却有100种。在北极只有1种报春花属植物生长，与之相比，有90种长在喜马拉雅山脉上。北极只有2种杜鹃花属植物，6种风毛菊属植物，而喜马拉雅山脉上却有40种杜鹃花属植物和60种风毛菊属植物。

在图形土上。世界上生长位置最高的植物生长在珠穆朗玛峰和周围山峰的斜坡上受到保护的地区。

高山生态环境因地理位置和山坡朝向的不同而不同——朝北的山坡和朝南的山坡有显著差异。北坡林线的高度及物种差异很大，但林线的高度通常是12000英尺（约3660米）。在西北背阴的山坡上，林线的物种是冷杉、云杉和松树。在同一位置的阳光明媚的山坡上，海艾草矮生灌丛带和乔桧林地与亚高山草地融合。在中央喜马拉雅山脉上，位于林线上限的由东喜马拉雅冷杉、桦木和墨西哥垂桧形成的云雾林，被长在背阴山坡杜鹃花属植物和长在阳坡上的乔桧取代。比较干燥的喜马拉雅山脉内部，因为受到保护而不会受季风雨的打击，封闭的亚灌木丛和植物形成的垫子被开阔的矮生灌丛带和青藏高原大草原取代。

由于没有长期的气象站存在，人们不能很好地了解喜马拉雅山脉的气候。植被和短期气候实测数据结果表明：整个山脉是潮湿的，特别是东南地区。即使在比较干燥的西北地区，矮鼠尾草灌木和许多非禾本草本植物也能形成一个封闭的植被覆盖层。夏季降雨由西北向东南增加，而在冬季和春季降水则减少。西北地区的冬季降水来自西部来的气旋风暴；全年降水只有四分之一发生在夏季。在冬季雪层之下或附近的植物长势最好，而其他的植物都依赖夏季降水。由于受到来自亚洲内陆的季风影响，东南部冬季干燥。东南部的大部分降水都在夏季，南来的季风带来了降水。在高山地区以下的云雾林地带，降水量最大。虽然高山地带整体降雨量比较小，但它在夏季湿度大，促进了叶状地衣的生长和具有多样性的植物区系的组成。在干燥的冬季，在喜马拉雅山脉东部的南坡和北坡微气候的差异显著。朝南的山坡炎热，而朝北的山坡背阴，雪一直要下到5月末。在夏季，南北山坡湿度加大，温度差异变小。

在较低高山地带，海拔14000英尺（约4270米）附近的地方，雨水是主要的降水，持续时间长的云层决定着白天的温度和湿度的差异。在较高的高山地区，海拔15500英尺（约4720米）的地方，主要是毛毛细雨和阳光交替的天气，这种天气导致了温度和相对湿度的短期变化。由于地表总是潮湿，上面生长的地衣比开花植物多。

在高山地区的下限，全年有200多天平均气温在0℃左右。较高高山地带更具大陆气候特征，极端温度更多，特别是在湿润的夏季风期间，云层要么是薄薄的一层，要么低于这个地带。较高高山地带的温度在湿润的夏季风期间有规律地低于冰点，形成针状冰。从雨季到第一场雪期间，一些植物在夜间可以耐受低至5℉（约-15℃）的温度，如龙胆属植物、雪莲和燕草属植物。从现有的数据来看，在高山地带上限，夏季平均气温是36.5℉（约2.5℃）。永冻土层的范围还鲜为人知，但与北极图形土同样规模的图形土区域在海拔16500英尺（约5000米）的广阔地区可以见到。位于高山地带上限的稀疏的高山铺地植物所处的海拔高度可能与永冻土层的下限相一致。

风力和积雪的持续时间影响着植物群落。受到庇护地区的温度变化小，而多风的山脊会有极端温度出现。暴露在冬季干燥寒风中的山脊上的积雪会被风完全吹没。常绿的木本多年生植物只在有雪保护的山坡上生长，如亚灌木杜鹃花属植物。

　　喜马拉雅山脉占据如此大的区域，并且在温度、降水方式、冰川作用、基质、山坡陡度和山坡朝向等方面存在着许多差异，以至于该山脉位于不同地理位置上的部分，存在着不同的植物群落。虽然在整个山脉上主要群落的生长形态是相似的，但物种组成却各不相同。

　　较低高山地带的两个主要群落都是亚灌木丛（见图3.15）。杜鹃花属植物在阳坡上和海拔14750英尺（约4500米）的冬季有积雪保护的背阴山坡上能长成垫状矮灌木。高的非禾本草本植物在木本常绿灌木丛中生长，如马先蒿属植物、附子之类金凤科毛茛属植物和蒿草属莎草科植物。在杜鹃花属植物的庇护下，大量地衣在潮湿的环境中生长。几种杜松在较低的高山地带形成第二道矮灌木带，有些受到地理区域的限制。在整个喜马拉雅山脉可以见到单籽杜松，在西北部有普通杜松生

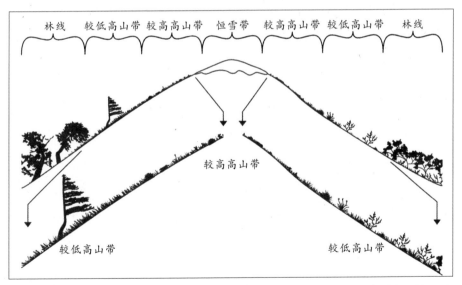

图3.15　在喜马拉雅山脉上，植被随海拔而变化，这与气候和环境的变化模式一样　（杰夫·迪克逊提供）

长，乔桧长在最干燥的露出地面的岩石上。有些植物受坡上大风的影响，形成悬挂的"旗"树。杜松根在陡坡上稳定土壤的能力好于杜鹃花属植物，即使在因泥流作用而受到影响的地区也是如此。杜松林地之间的植被是由尼泊蒿草属莎草形成的席状草地和由不凋花与高山火绒草形成的平坦的银色垫子。苔藓和地衣比较罕见。

杜鹃花属–蒿草属植物形成的马赛克图案是位于海拔15000英尺（约4600米）的较高高山带的主要植被。在较低高山带常见的矮灌木，在较高高山带仅生长在较为温暖的受到保护的栖息地上。蒿草属草地上生长的其他植物包括长着长长的主根的植物、莲座丛和垫状植物，如岩石樱草花。除去花柄，植物不到2英寸（约5厘米）高，垫状植物或者莲座丛的叶子紧贴地表生长。在易受到泥流作用破坏的比较干燥和多风的地方，只有小面积的开花植物生长，如雪莲、蚤缀属和山莓草属等主根垫状植物。苔藓和地衣的数目超过开花植物。壳状地衣和叶状地衣覆盖了枯死的蒿草属植物，枝状地衣长在杜鹃花属植物的木质部分上。植物之间的砾石上也覆盖着地衣。在山脉北面的开阔碎石斜坡上，有垫状植物和莲座丛，它们的长根将植物固定在不稳固的土里。比较干燥的北坡是高山矮草草原，有针茅草、苔属莎草，以及岩石樱草花和疯草等垫状植物生长。

两个主要植物群落取决于土壤的变化。雪层在喜马拉雅山脉西北部的较高高山地带更常见，与冬季降水的欧洲阿尔卑斯山脉以及欧亚大陆的其他山脉上所见到的雪层相似。在夏季干燥的地区，融化的积雪为植物提供了生长所需的水分。拳参、毛茛属植物和苔藓占主导地位。在土壤发育不良的不稳定的巨石斜坡上，维管（束）植物罕见，但有壳状地衣覆盖着岩石。较高高山上形成年代较晚的冰川冰碛在植物进化的几个阶段都可以见到，它们最近才露出。

喜马拉雅高山地带是几种大型有蹄类动物的家园，包括山羊、野生山羊、塔尔羊、蓝羊或岩羊。与野生山羊有血缘关系的塔尔羊有双层毛保暖，它们的蹄子在岩石上具有很好的抓地能力。岩羊既不是绵羊也不是山羊，而是一种较大的哺乳动物，有其自身特点。牦牛吃喜马拉雅山高草地上的草。牦牛是大型动物，雄性重约1000磅（约450千克），以草、非禾本草本植物和地衣为生。像北极麝牛一样，牦牛长有一层浓密的下层绒毛，绒毛上覆盖着较长的一层针毛，在寒冷的冬季为其隔热。牦牛肺活量大，血红细胞多，能帮助它们应付高海拔地区的低氧问题。冬季，牦牛在雪上行走时，排成一列纵队，小心地在领头的牦牛的脚印中行走，这样会减少能量的损耗。通常10~30头牦牛聚集成群，从前它们分布更广泛。由于对狩猎缺乏管理，以及它们原来生存的草地已经变为驯养动物的牧场，现在它们的数量已经减少。世界上高山地区的唯一土生土长的马科动物是西藏野生驴，或西藏野驴。小型食草动物包括土拨鼠、鼠兔、野兔和田鼠。

　　大型肉食动物有雪豹，雪豹身长不到4英尺（约1.2米），但有一条3英尺（约1米）长的尾巴，为它在崎岖地带行走提供平衡。在猫科动物中雪豹毛皮最厚，脚底有厚厚的软毛。它们扩大的鼻腔有助于呼吸稀薄的空气。棕熊偶然能见到，喜马拉雅黑熊会从下面的森林游荡到高山，就像北极或北美洲的熊一样，它们是杂食动物。较小的食肉动物有赤狐、藏狼和西伯利亚黄鼬。

　　与北美洲高山松鸡对应的鸟是雪鹑、喜马拉雅雪鸡和西藏雪鸡，它们都属雉科。猛禽包括金雕、髭兀鹰和胡兀鹫，以及喜马拉雅兀鹫。

　　在喜马拉雅山脉上几乎没有什么地方至今未受到人类活动的影响。对较高森林地带的破坏最大的是山火，会使席状和非牧草的高山植物受到影响，向较低海拔区域扩展。牛和羊吃草，一直可以吃到最高的高山地带，甚至可以到达西藏17400英尺（约5300米）高的地方。次生开花植物数量丰富，如岩石樱草花物种、龙胆属植物、鸢尾属植物和委陵菜属植物。在天然植被允许放牧后，木本杂草出现了。食草动物不吃杜鹃花属植物和杜松，因此，为了使适合做饲料的植物如嵩草属莎草更好地生长，人们会定期放火将它们清除。背阴潮湿山坡上的森林不易受火影响，所以只能被部分地清除。

南半球高山冻原

从裸露的岩石山脊到山谷底部沿山坡所形成的梯度，与北半球相似，但它们却决定着一个不同的植物区系。在所有的高山栖息地上最典型的植物是非常小的矮灌木。

南部非洲　地处南纬29°的莱索托高原，在海拔11000英尺（约3350米）的地方是一个无树地带，这里的气温高于大多数高山地区（见图3.16）。这个高原包括塔巴普索山脉、中央山脉和马洛蒂山脉，东部的德拉肯斯堡山脉（东部非洲丘陵地带）将它们连起来。高原上的最高峰是

南安第斯山脉

在南纬27°~南纬39°的阿根廷中部和智利的部分高海拔地区，是高山冻原或者草地，这个地区包含高山冻原或者草地的元素。这一地区的海拔高度从北部到南部下降，从14000英尺（约4270米）下降到大约5500英尺（约1700米）。全年降水不足25英寸（约630毫米）。1月（夏季）平均气温是55℉（约13℃），这比大多数高山地区温暖，但这些高海拔地区在冬季被积雪覆盖长达数月。这里有一个多元化的植物区系，包含有特色的植物属。许多当地特有的物种有适应不利环境的能力，它们能适应过度干燥、寒冷、多风，以及全年都有可能发生的冰冻。高灌木林线让路给小灌木、针茅草草丛和垫状植物。在亚恒雪区，小型非禾本草本植物、莲座丛和小草占主导，但垫状植物也常见。虽然大多数动物与安第斯干燥的寒冷贫瘠高地和巴塔哥尼亚大草原的动物有血缘关系，但濒临绝种的南美栗鼠、巴塔哥尼亚南美栗鼠和安第斯田鼠，都是当地特有的。

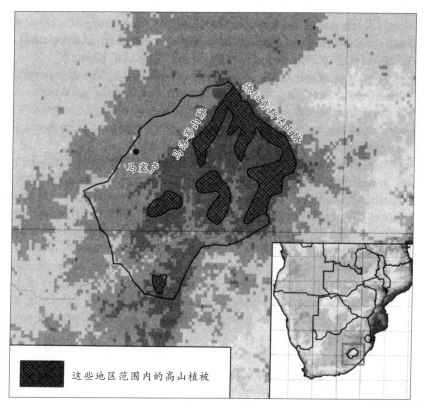

图3.16 非洲南部高山冻原仅限于莱索托高原 (伯纳德·库恩尼克提供)

海拔11430英尺（约3484米）的塔巴拿恩特嫩雅纳山。莱索托高原广阔，
受沟、谷等的切割，在奥伦治河水系的源头有沼泽区域。地质状况包含
5250英尺（约1600米）厚的玄武熔岩，其上覆盖着薄土，或是断层角砾
岩。在夏季，该地区潮湿，土壤水分较大。冬季夜间刮寒风，日间冰雪
融化，有冰状针形成，有泥流作用，还有图形土，这些都是高山或冻原
地貌的特征。

冬季气温低，降水少，植被生存压力大。每年冬季大约下七八场雪，
但雪会很快融化，没有积雪。无霜期长达6个月，但生长季却很短暂。
最暖和的月份也会有极端气温出现。有记载的最高气温是88℉（约31℃）；
最低气温是–5℉（约–21℃）。总的说来，气候潮湿，年平均降水量从25~

63英寸（约630~1600毫米）不等。降水最多的地方是德拉肯斯堡山脉的东面部分，西边的悬崖峭壁处在雨影中。相对湿度为18%~72%，由潮湿的夏季或干燥的冬季决定。冬末和春季的大风对在这两季已经干涸的土壤中的植物尤其有害。火灾已经成为高原生态环境的一部分，大火或因人类为了增加牧草而起，或因自然的闪电引起。

植被基本是石楠植物群落，以低矮的石楠科灌木木质物种和在广阔的草地上分布的蜡菊垫状植物为主。高山石楠植物是主要的植被，矮生灌木不到24英寸（约60厘米）高。然而，许多灌木已经被砍掉做柴火用。巨石地生长着有2~4英尺（约0.6~1.2米）高的石楠植物，还有类似紫菀属的植物和蜡菊。

在水平的玄武岩层露出地面的部分，长着地衣和苔藓等许多外来的植物。一种肉质的被称为狮子脚印的大戟属植物在阳光明媚的朝北的岩石坡上形成垫状覆盖。在比较潮湿的地区可以见到狗尾草草丛和矮生灯芯草属植物。三种半木质灌木长成垫子，包括黄翠菊木、蜡菊和远志属草本植物的一员，高山草甸范围从低的草皮到开阔地上高的植物，间或有不规则的泥地。羊茅属、狗尾草属和五星花属等三种温带草属的植物占主导，狗尾草是最重要的。它们均为簇生，耐旱，冬季休眠。如果有足够的水分，狗尾草草丛可长到3.3英尺（约1米）高，其他草按照山的朝向生长，有发菜和垂爱草。开花非禾本草本植物在春季和秋季数目众多。

沼泽在洼地形成，水生植物在开阔的水池中生长，如水薤属、一种肉质的青锁龙属植物、氧气草、水芒草属和藻类。水池边缘可能会生长谷精草、莓系属的牧草、毛茛属植物和狸藻类植物。在没有开阔水面的沼泽地里接连不断的小丘上长着灌木茶树，还有多种藓类和高等植物。沼泽边缘比较干燥的土壤里主要是苔属莎草草甸。

由于气候和狩猎的原因，脊椎动物物种匮乏。较大型的哺乳动物很少出现。主要的小型哺乳动物是在沼泽中挖泥土和泥炭的冰鼠和鼹形鼠。昆虫，特别是飞蝇、甲虫和蜜蜂，为数众多。该地区一直是人类放养家畜的牧场，过度放牧已使其退化，作为水源头的重要组成部分的沼泽受到了严重的破坏。

新西兰 新西兰的大多数高山地区位于南纬41°~南纬47°的南岛上（见图3.17）。林线大致在海拔3300英尺（约1000米），永久积雪始于海拔6550英尺（约2000米）的地方。南岛上的本土植物和动物很大程度上为

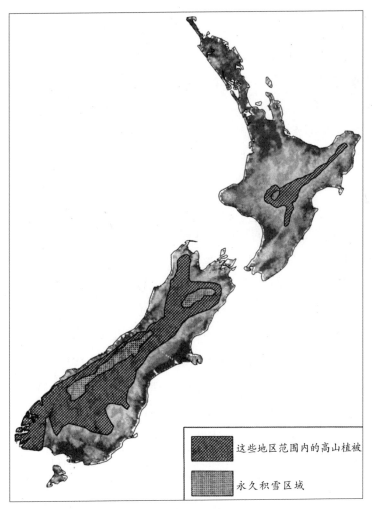

这些地区范围内的高山植被

永久积雪区域

图 3.17 因南阿尔卑斯山脉位于西风的路径上，所以新西兰高山地带的特征从西向东发生着变化 （伯纳德·库恩尼克提供）

当地特有。在过去的一百年里，人类的影响改变了高山群落。在许多地方，因林线被火烧毁而遭到破坏，<u>丛生草</u>得以向下坡扩张。现今，羊茅草丛的上限与天然林线一致，气候因素决定着林线和高山地带。新西兰的高山形成年代较晚，北岛的火山仍很活跃，熔岩和松散的火山渣很常见。南岛的地质情况比较复杂，有火成岩、变质岩和沉积岩。南岛上高山冰川作用后产生的大量的冰碛和冰水沉积物为不稳定的土壤，如发育不好的始成土和石质土，提供了母质层。在潮湿的土壤中进行着冻融循环，也可以见到小规模的图形土，图形有多边形、条纹形、阶梯状和叶形。

新西兰的气候是海洋性气候。高山处在西海岸，与盛行西风和风暴所经路径等因素综合到一起，导致自西向东的明显气候梯度。特别是在南岛，迎风坡每年降水量超过160英寸（约4060毫米），甚至可达到470英寸（约12000毫米）。背风的位置降水量为50英寸（约1270毫米），在干燥的峡谷降水不足14英寸（约360毫米）。太阳辐射、温度和湿度的渐变也存在梯度，总的来说，气候湿润，土壤不缺水分。即使在由下坡风所带来的温暖使气温增高的时候，凉爽的夜晚也会增加相对湿度直至饱和。温和的温度反映出海洋对整个岛的影响。在低–高山地带的上限，夏季平均气温是40℉（约5℃），在高–高山地区减少到32℉（约0℃）。低–高山区有极端气温，在夏季是75℉（约24℃），在冬季，是–2℉（约–19℃）；霜冻几乎每晚都发生。针状冰会在夏季的夜晚出现。有记录的最长的无霜期为13天。冬季比大陆山脉温暖，在低–高山地区，气温几乎不低于30℉（约–1℃）；在高–高山地区，气温低于7℉（约–14℃）。土壤温度的季节性变化不如气温变化大，在高–高山地区，土壤只冻结4英寸（约10厘米）深。风把积雪吹成雪堆，为土壤隔热。阳光明媚的夏日常常伴有雾和低的云层。在白天太阳会把地表晒干，黄昏降临时，情况会得到缓解。

虽然南阿尔卑斯山脉的高山植物区系所在环境不像北极或中纬度高山地带那样恶劣，但它已经进化了许多典型的冻原植被形式——垫状植物、莲座丛、铺地植物、肉质植物、多年生植物、直根植物和带毛绒保护层的植物。许多植物与世界上其他地区的植物有近亲关系，但很多植物是新西兰乃至几个远离南极洲的岛屿所特有的。

高山地区的一个特征是可以见到丰富的肥厚的肉质植物，特别是在阳光明媚、干燥的碎石斜坡上。肉质的结构在白天可以储存水分，在排水极其良好的斜面上没有地下水的情况下，这是个优势。

新西兰高山植物区系最有特色的植物是当地特有的两个属Haastii和Raoulia，被称为"植物绵羊"——因为从远处看，成群的植物就像一群绵羊。这两个属都是向日葵科的成员，但是它们之间的关系并不密切。Haastii形成由浓密的莲座丛或松散的树枝组成的小丘，上面覆盖着细小的毛茸茸或纤细的毛状物。在干燥的山区能见到Haastii，在那里夏日艳阳与寒冷而多雾的大风轮流出现。人们发现茸毛能阻止因过多的蒸腾作用而导致的水分丧失，并能在干旱的时候凝结空气中的水分，即使只有一点点水分，也能使内部组织保持滋润。Raoulia的两个物种拥有又硬又圆的表层，这个表层在泥炭腐殖质周围形成一个结实的外壳。表面覆盖着白色细小茸毛，帮助它们摆脱水分。茸毛的作用是摆脱过多的水分，而不是吸收空气中可能存在的大量的湿气，Raoulia适于在潮湿的高山地区生存，并在那里可以见到。利用茸毛吸收或排除水分，是新西兰"植物绵羊"的独特之处。

与大多数高山地区相比，这里的海洋性气候使生长季变长。对雪丛生草而言，在高山带的下限生长期约为8个月，而在高–高山带减少到5个月。虽然不同的物种在不同时期开花，但是高–高山垫植物在8个月的生长期结束后才开花（10月到次年5月）。尽管生长季长，但大多数花蕾在开花之前就已经预先形成。

在新西兰的林线位置，通常没有高山矮曲林生长，从森林到高山冻原的变换突兀。竖直的南方山毛榉树让位于不同种类的矮灌木。这些矮灌木不是因环境所致变矮的，而是遗传的结果。只有在下雪和冬季干燥的恶劣环境下，林线上的山毛榉树才能成为高山矮曲林，它们的半匍匐树干长达10英尺（约3米），有时形成悬挂的"旗"树。

低-高山带是一条狭窄的竖直带，以高的常绿雪丛生草、灌木和非禾本草本植物为主。草丛可以长到4英尺（约1.2米）高，这在热带以外的高山地区是不寻常的，但极有可能是温和的气候使然。大的非禾本草本植物和灌木在比较潮湿的西部山区引人注目，尤其在岩石多的山脊上和阳光明媚的山坡上，那里大雪无法积累下来。各种各样的植物根据土壤和微生境条件，特别是积雪而自然分类。常绿灌木有紫苑属植物；常见的草本植物是高山雏菊和新西兰亚麻。在多雨地区，沼泽分布最广泛，沼泽与位于沼泽下面的泥炭占据着洼地，这些洼地具有较高地下水位，排水状况欠佳。植物包括几种垫状植物，如伴着莎草一起生长的高山雏菊。几种矮的蔓延的半灌木和草本植物在沼泽中生长，茅膏菜属植物、狸藻类植物、枝状地衣、莎草和灯芯草属植物也常见。

高-高山带有一层不连续的覆盖层，包括比较短的草、非禾本草本植物和灌木，有分布清楚的植物群落。在由稳定的岩石构成的荒原上，植物生长稀疏。垫状植物，特别是"植物绵羊"、蜡菊和垫状针茅是比较干燥地区的特征。潮湿的荒原拥有更多种类的植物，有更多的小草本植物和草。在陡峭山坡上，由松散有棱角的石头堆积成的乱石堆或者岩屑堆能够移动，尤其是在春季融雪期间，所以其上只能生长在夏季才能变为绿色的稀疏的草本植物。杂草和毛茛属植物有强壮的根扎在岩石下面的深层土壤中，它们能够抵挡碎石的移动。

垫状植物生长地位于辽阔的高原山顶上，那里的强风、寒冷的夏季和冻融周期使矮的垫状植物、铺地植物和匍匐植物身高不足0.75英寸（约2厘米）。那里的植被与在北极冻原见到的植被类似。在大风刮过的地方，植物会长成不对称的形状。图形土形成了有马赛克图案的景观。位于洼地中的或者不受盛行风影响的区域的雪堤，一直保持到仲夏或夏末才能融化。总的说来，雪堤上植物生长得好。最小的雪丛生草占优势生长地位，形成4英寸（约10厘米）高的茂密的草地，在这个微生境中也有许多其他植物生长。

恒雪带在南阿尔卑斯山脉分布广泛，地衣生长在因石面太陡而不能保留住积雪的岩石上。有三种开花植物生长在库克山8200英尺（约2500米）以上的位置。

除了两种蝙蝠，再没有原产于高山地带的哺乳动物。但是，有许多本土的和本地繁殖的鸟类物，几种珍稀鸟类濒临灭绝。一种与众不同的高山鸟是不会飞的秧鸡或叫短翅水鸡，现在只在峡湾国家公园里才能见到。这种鸟进入低-高山草丛草地觅食，啄食植物的幼芽。当地特有的高山鹦鹉或称食肉鹦鹉，在南阿尔卑斯山脉分布广泛，它们在林线以下过冬（见图3.18）。这种长着橄榄绿色与红色身体的鸟是杂食动物，尽管它们只有12英寸（约30厘米）高，却能成功地攻击并杀死绵羊。广泛分

图3.18　食肉鹦鹉是高山鹦鹉，原产于新西兰（达里奥·迪亚门特提供）

布的新西兰隼是绝对的食肉动物。较大的猛禽——澳大利亚鹞属小鹰，在草原之上的暖气流中翱翔，偶尔飞到和高山带一样的高度。只属于南岛高山生态环境的唯一的鸟是小石异鹩，以昆虫和水果为食，在雪下面的岩石裂缝中过冬。一些沿海鸟类，如南岛杂色蛎鹬和栗斑鸻，迁移到高山繁殖，并在有垫状植物生长的地方筑巢。南方黑背鸥以及其他海鸥在沼泽里筑巢。新西兰田鹨也在高山带筑巢。在高山带几乎见不到以种子为食的鸟，种子的供应不稳定。爬行动物非常少，已知的有两种小蜥蜴、两种壁虎，它们在高海拔地区生活。

有几种脊椎动物是被引进的。马鹿在整个山脉上广泛分布，由于没有天敌，马鹿数量增长很快，它们过度啃食牧草和践踏土壤，最具有破坏性。分布广泛的野兔对高山带也会造成损坏性的影响。就分布区域而言，山羊、马鹿、岩羚羊和塔尔羊的分布有限，但它们的破坏作用非常大。

在海拔9800英尺（约3000米）夏季无雪的栖息地上，无脊椎动物群数量丰富。昆虫是高山生态系统的重要贡献者，它们为一些植物授粉，使另一些植物叶子脱落，并消耗垃圾。在体型和数量上引人注目的种类是沙螽、草蜢、甲虫、飞蛾、蝴蝶、蝉及飞蝇，特别是蚋和丽蝇。几种巨型沙螽（直翅目沙螽科）和生活在厚岩石板下的大甲虫为新西兰高山所特有。昆虫体长2.75英寸（约70毫米），体重达2.5盎司（约70克）。超过40%的新西兰飞蛾和蝴蝶在高山地区分布，一些为当地特有的物种。几种日间活动的狼蛛和深色跳蜘蛛在雪下过冬。它们在南岛种类最多。由于生长季短，昆虫的活跃期也相对短暂。昆虫往往用去一年多的时间才能完成一个生命周期，所以幼虫会隐蔽在所寄生的植物中等着不利的时期结束。常见的昆虫适应性变化包括身体呈暗色，长着又长又黑的体毛和大型的身体。

第四章
热带高山生物群落

　　高海拔热带生态系统的范围在北纬23.5°与南纬23.5°之间，它们在地理上是孤立的，是被温暖潮湿的热带雨林包围着的寒冷的岛屿。在植被与气候方面，热带高山带与北极和中纬度地区截然不同。因为差异巨大，所以使用冻原一词会产生误导作用。这里的大部分地区都有属于自己的地理名称，但因面积太小而无法在世界地图上标注出来。北安第斯山脉地区的热带高山生态环境被称作高山稀疏草地，横跨赤道，从委内瑞拉到秘鲁北部，还有一部分在哥斯达黎加境内。地处南纬地区的安第斯山脉中部的安第斯山区的高原被称为寒冷贫瘠高地，它是世界上面积最大的热带高原，其范围从秘鲁和玻利维亚的中部和南部到智利和阿根廷的北部。在东非，寒冷贫瘠高地被称为非洲高山带；在印度尼西亚和新几内亚被称为热带高山带。夏威夷火山上的高海拔地区也处于树木生长线之上的位置。如果没有特别指定某一地理区域，那么这里所使用的热带高山带这个词汇可以指热带山区的所有的高海拔生态系统。因为没有可辨认的林线，这个地带的下限通常很难定义。高山带在热带雨林或云雾林以上，林线由灌木丛或发育不良的树木组成，它们被草地包围，上面生长着附生植物。在没有森林的干燥的山坡上，灌木和肉质植物被典型的高山植被取代。

　　由于高山彼此孤立，在热带高山上的类群差异很大，但在气候、生长形态和总的生态环境方面，仍有相似性。在植物生长形态方面，高山稀疏草地和非洲草原相似。像非洲和印度尼西亚的孤立的山脉一样，高山稀疏草地不是连续的，而是由分布在委内瑞拉、哥伦比亚、厄瓜多尔、秘鲁北部孤立的小片草地组成。在欧洲大陆没有寒冷贫瘠高地。就生长形态而言，寒冷贫瘠高地与中国西藏中纬度的高寒地区相似，但从连续的程度上，则与埃塞俄比亚高原相似。高山草原以丛生禾草为主，也有其他植物分散生长，特别是向日葵科的灌木和莲座丛。高山草原是热带高山地区的特色。一些地区是纯粹的草地，另一些地区覆盖着巨大的莲座丛和小草。当地的植物属中最重要的成员包括南美洲的凤梨树（粗茎凤梨属）、东非的风铃草（山梗莱属）和向日葵（千里光属），

岛屿生物地理学

地理学科的一个分支，被称为岛屿生物地理学，力求解释海洋岛屿上的物种分布。生物在生态环境有限，并长期隔离在岛屿上的情况下，形成了独具特色的生物群。生物可以成功地远离海面的生物体进行适应性扩张。加拉帕戈斯群岛和夏威夷群岛是最好的例证。在这里，植物和动物通过迁徙进化而补充原有生物空缺。这种概念同样可以应用到像岛屿一样的地方，如彼此从来没有联系的高海拔的山顶环境。借助相似类型的长途分散、进化，这些地方经常会有许多当地的特有物种。

还有安第斯山脉的玫瑰（多鳞属）和新几内亚的树蕨（桫椤属）。在海拔最高的地方，有冰冻图形土和条形土。地被植物多种多样，荒地上间或有垫状植物和铺地植物，还有苔藓形成的海绵状草垫。

从地质学角度讲，热带高山形成年代较晚，主要在新生代晚期形成，那里的大部分生物区系是后进化的。由于高山是由低地隆起形成的，所以高山上大多数物种起源于低地。在非洲东部火山上生长着大约300种高山植物，其中80%是当地特有的，它们是从周围低地的植物进

化而来的。类似情况也发生在其他的热带高山上，如安第斯山脉。

自然环境

气候呈极端性

热带高山地区的气候只有昼夜变化，湿季和干季，没有季节性变化（见图4.1）。这一地区因为地处热带，日照长度和温度全年几乎不变。昼与夜都是不变的12个小时。太阳倾角也没有中纬度地区所经历的变化，地面接收阳光倾角会因高山坡向和坡陡度而不同。太阳在北回归线与南回归线之间的热带地区穿越赤道，在每年的不同时间，不管是北坡还是南坡在受到阳光直射时，相反方向的另一山坡都会处于阴影下。温度没有季节性变化，也没有长期的寒冷和冬眠发生。每天的温度变化明显，在白天，热带高山所处位置会受到太阳连续辐射，高海拔地区的稀薄大气层无法阻挡过多的太阳辐射。在夜间，许多热量会释放回太空。热带高山地区从早到晚的温差比冬天和夏天之间的温差大。因此，植物必须能承受每一天的极端温度变化。

在热带高山生态环境中海拔9800英尺（约3000米）的地方，年均气温约为50℉（约10℃），这个温度值经常被当作确定北方森林与北极冻原之间的界线。这条界线与湿地斜坡上发生冰冻温度所处的最低高度大体一致。冰冻发生的频率随着高度增加。在海拔9800英尺（约3000米）的地方，每年只有几天；在海拔1.47万英尺（约4500米）的地方，每年有100天；在海拔超过1.54万英尺（约4700米）的地方，终年积雪，冰冻每天都发生。在干燥的山区，冰冻在海拔略低的地方发生，但海拔1.97万英尺（约6000米）的地方，终年积雪，大概因降水少导致。因气温随纬度增加而下降，如在北纬19°的墨西哥火山上，冰冻区和林线随着纬度增加开始降低。结冰温度与热带高山林线相一致，对生命生物有

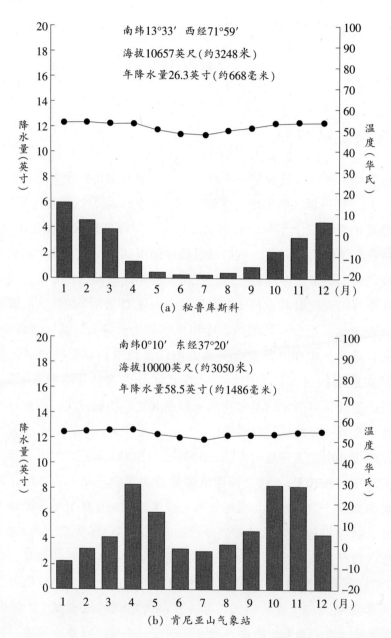

图 4.1 热带高山气候温度相似，但总降雨量和季节性降雨量不同。（a）秘鲁的库斯科位于干燥的寒冷贫瘠高地上；（b）肯尼亚山的气象站接近赤道，降雨量大（杰夫·迪克逊提供）

重要意义。植物不仅要适应持续走低的气温，还要对永久冰冻有抵抗力。不像中纬度生态环境下的植物，在热带高山地区，无论是高山植物，还是非高山植物，在夏季与秋季对冰冻都需要有不同的耐受能力，而且，它们在冬季必须更强壮才能适应冰冻环境。热带高山植物在一年中的任何夜晚都会受到冰冻的影响，所以它们必须随时做好准备。因为白天经常多云，所以，植物在低温弱光条件下必须进行光合作用。

在6个月的时间里，热带高山地区会经历多雨、少雨和干旱等不同季节。在赤道地区，降水会受对流控制，雨季在春分和秋分时节一年出现两次，这时太阳和赤道低压带在天空经过。干季与夏至和冬至相一致，高气压占主导。依靠信风携带水分的气候条件发生在雨季，与低压带的季节性变化有关。大多数降水是暴风雨所致。

虽然气温会随海拔上升而下降，但降水的变化仍比较复杂。在热带，半山腰的降水会增加到最大量，那里会生长云雾林，往山顶的方向，降水逐步减少。云雾林上方的稳定的空气会阻止风暴沿山坡向上行进。因此，在同一纬度的高山地区与低地相比，前者更干燥。有最大降水量的区域通常是海拔3000英尺（约900米）和4600英尺（约1400米）之间的区域，但因地理位置不同也存在差异。在夏威夷，最大降雨量发生在海拔2500英尺（约760米）的位置；在热带的安第斯山脉，发生在3150英尺（约960米）的位置；在东非，发生在5000英尺（约1500米）的位置。在最大降水量之后，降雨量随着海拔的升高，以每330英尺减少4英寸（约100毫米/100米）的速度递减。人们很难对热带高山地区的降水总量进行概括，山坡朝向、赤道低压、与信风相关的位置，都会产生不同形式的降水和雨幕。这些变化导致了气候多样性，影响了生态环境和植物群落的分布。

热带高山带有着与雨季和旱季相一致的季节性温度状况。雨和云在白天会阻挡过多的太阳辐射到达地表，在夜晚又会拦截下部分向天空外散的红外辐射，所以雨和云会减少每日温度变化。晴天的气温变化更大。大多数冰冻发生在旱季，因为云量小，更多的红外辐射在夜晚会散失，导致气温下降。最低温度，特别是低于冰点的温度和最高温度对植物的影响比平均气温更大。

热带高山地区几乎经历不到中纬度高山常见的大风，这种大风因受急流和气旋风暴影响而产生。裸露的山脊多风，但不是到处都刮风。

土壤发育不良

热带高山土壤与其他高山地区相似。形成时间短而且没有得到很好的发育，它们通常与母质层有相同的化学物质。陡坡往往覆盖着小石子和岩屑堆，而较为平坦的地方会有积累的沉淀物和来自植物的有机质。表层土壤干燥，较深的土壤中通常含有水分。厄瓜多尔以南的安第斯高地的土壤十分干燥，只有一层很薄的植被覆盖，植物的根扎进超过3.3英尺（约1米）深的土壤里，根深的植物可以利用土壤里的水分。

火山上粗糙且干燥的火山渣会阻止潮湿沙子中或土壤下面的水分蒸发。在白天，表层土壤会受到极端温度的影响，深层土壤的温度比较稳定。在肯尼亚山上的3英寸（约8厘米）深的土壤温度是不变的。然而，地表却受冻胀的影响。不像北极冻原或中纬度高山生态环境，热带高山地区没有永冻土层，但有小规模的泥流作用发生，在夜间发生的冰冻也会干扰土壤的发育。在热带高山带没有覆盖的土壤里，针状冰会在夜里形成，它会破坏土壤，从而使苗木难以生存。

植物适应性

热带高山地区生长着五种植物形式——丛生草、垫状植物、硬叶灌木、地面莲座丛和巨茎莲座丛，每一种都主宰着一个生态环境，这些生态环境因土壤和可得水分的不同而不同（见图4.2）。许多生长形态与在北极冻原或中纬度高山地区的生长形态相同，但其他的生长形态已经进化，以独特的方式来应对极端的温度变化。

　　低矮的植物，如无茎莲座丛、丛生草和垫状植物，会利用它们的叶子在地面创建一个温和的小气候，从而避免比较恶劣的空气条件。草丛会利用一层死去的植被隔热和保持水分。在大火发生后，植物开花和再生，很快会补充这个必不可少的隔热层。长成团的丛生草的茎梗可以支撑植物抵挡风的侵蚀。植物长有茸毛是常见的特征，茸毛有多种用途：除了能屏蔽强烈阳光保护植物外，茸毛在夜晚还能起隔热作用，帮助植物保持热量。被植物茸毛锁住的空气可以保持湿度，降低在炎热、干燥的白天由于蒸腾的作用所产生的水分损失。热带高山植物，特别是大型植物，通常是银白色的，可以反射多余的太阳辐射。长有革质

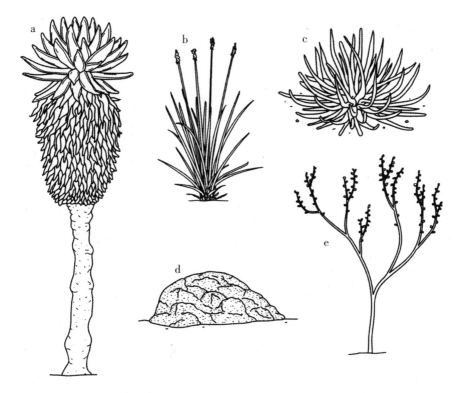

　　图4.2　热带高山地区的主要生长形态包括：(a) 巨型莲座丛；(b) 丛生草；(c) 地面莲座丛；(d) 垫状植物；(e) 灌木　（杰夫·迪克逊提供）

或蜡质（硬叶的）树叶的灌木，能很好地适应在高山地带发生的周期性的干旱和强烈的辐射。暴露在寒冷天气中的小叶子的叶表面积小，蜡质的角质层使叶子能够经受住干燥的空气条件。许多在高海拔地区生长的植物，如非洲高山巨型山梗莱属植物，利用红色素来保护自己，减少强烈辐射的影响。有茸毛和红色素的植物的数量随着海拔的升高而增加。许多植物的适应性变化，如长满茸毛或长有蜡质的叶子，使食草动物不愿啃食它们，这为它们提供了额外的生存保障。

热带高山植物很少利用种子来繁衍后代。在肯尼亚山上，植物全年都可以开花，但是大多数植物在雨季后的1月和7月开花。在安第斯山脉的高山稀疏草地上，季节性干旱限制了开花的时间。飞蝇、大黄蜂和风是最重要的授粉者，还有两种蜂鸟为菊科植物授粉。有些植物需要交叉授粉。菊科植物的种子要经历为期30天的气温为35℉（约2℃）的寒冷阶段才能发芽。热带地区的巨型莲座丛是长寿的植物。夏威夷银剑菊要生长20年才开花，它能活90年。肯尼亚山上生长的泰莱基半边莲是山梗莱属植物的一种，在40~70岁时开花并死亡，而巨型千里光属植物可以活上数百年。

巨型莲座丛

巨型莲座丛虽然没有在热带高山冻原的所有栖息地上生长，却是这一区域独特的生长形态。巨型莲座丛包括安第斯山脉的菊科植物和粗茎凤梨属植物，非洲的山梗莱属植物和两种巨型千里光属植物，新几内亚的树蕨，以及夏威夷的银剑菊（见图4.3）。巨型莲座丛，无论是贴地生长的还是有茎的，都有应对热带高山气候的独特手段。它们的茎或花序有3~30英尺（约1~10米）高。植物通常都有4~12英寸（约10~30厘米）厚的枯叶层，用以隔热，锁住水分，提供腐殖质。茎内温度高于冰点。植物叶子中的化学成分的变化，表明养分已从枯叶中转移到新的叶子里，这是有效回收稀缺土地资源的方法。东非比较高的莲座丛的外层叶

图 4.3 巨型莲座丛彼此并不相关，但它们有着相似的生长形态：（左半图）赤道非洲的巨型千里光属植物；（右半图）厄瓜多尔安第斯稀疏高山草地的菊科植 （作者提供）

天生的还是后天培养的？

强烈的太阳辐射或温度变化可能是莲座丛可以在热带高山生物群系中存在并保持现有形态的原因。人们把生长在肯尼亚山上的高山植物从海拔 13700 英尺（约 4175 米）移到内罗毕的海拔 5327 英尺（约 1624 米）的一个实验室里，并保持 75℉（约 24℃）。仅仅在 10~27 天之后，叶子就长成原来的两倍大小，茎也比原来长了，破坏了莲座丛紧凑的生长形态。但受寒冷的夜晚温度影响的植物没有任何变化。

子总是包裹着中央生长点。这些叶子在夜晚合上。越接近冻结温度，叶子合得越紧。在温暖多云的夜晚，莲座丛的叶子松散地附着在生长点

菊科莲座丛

　　菊科的几种莲座丛，在西班牙语里被称为 frailejones，意思是灰色修道士。它们在委内瑞拉、哥伦比亚和厄瓜多尔北部的高山稀疏草地以及超高山稀疏草地上占主导地位。一些莲座丛高度与树木相当，有 10 英尺（约 3 米）高，另一些只有几英寸高。大多数菊科植物，在海拔 9800~13100 英尺（约 3000~4000 米）的地方生长，但有些也会在 7200 英尺（约 2200 米）的地方见到。菊科植物有高的茎或者躯干，躯干的顶部长着叶子。老叶死后会挂在树干上。植物依靠昆虫、鸟和风授粉。

上。花蕾也会以同样的方式受到保护，但对花蕾的保护不只在晚上，每当天气转为多云和变冷时，叶子就会在花蕾上卷曲。肯尼亚山较高的高山带生长着一种巨型植物，它有特别的优势，叶子下面有浓密的毛茸茸的覆盖物来增加隔热能力。当莲座丛合上时，这层"茸毛"提供了额外的温暖。暴露在远离地面的空气里的高花序上的花朵，受到起隔热作用的苞片或茸毛的保护，不会受到极端温度的影响。同样，有的花朵藏在茎里。安第斯寒冷贫瘠高地上生长的粗茎凤梨属植物的芽，长在毛茸茸的花序的深处，而受到保护。

　　肯尼亚山上生长的巨型山梗菜属植物具有独特的抗冻方法。它们阔叶的基部可以蓄水。这种植物分泌一种液体，能降低水的冰点，使水保持液体状态。山梗菜属植物需要在潮湿的栖息地上生长，所以预防冻害是必要的。一种小飞蝇会把卵产在植物相对温暖的水里，保护其幼虫不受冻害的影响。

　　安第斯山脉生长的菊科植物和非洲巨型莲座丛都会利用茎中的木髓蓄水，在降雨少时，或者当植物因地面冻结而无法从土壤中得到水分时，供植物使用。它们能储存如此多的水，以至于乌干达西南部的山地大猩猩会咬开巨型千里光属植物的莲座丛，取食多水的木髓。

巨型莲座丛也在热带高山地区生长，那里的表层土非常干燥，植物通过深扎在土壤中的根，把深层土壤中的水分汲取上来，从而很少缺水。尽管枯叶让植株温度比外边的空气温度高，但木质部（从根向叶运送水的组织）在夜晚易受冰冻的影响。当夜晚的气温在0℃以上时，肯尼亚山上的巨型千里光属植物和山梗莱属植物第二天不会改变蒸腾量。然而，在严寒之后，有些植物会减少蒸腾量，这是由于木质部分太冷或已冻结而导致的暂时的生理干旱。很多巨型莲座丛植物茎较短，因此避免了它们在一个夜间就结冻。

林线植物区系

热带地区的林线植物区系以及高山植物区系植物种类繁多。山脉彼此孤立，无论过去或现在，它们彼此都很少有联系或者完全没有联系。欧洲大陆的热带高山林线的主要代表植物为杜鹃花科木本植物——长青灌木，长有棘手的革质树叶，它们在火灾后还可以再生。乔木石楠属植物和腓利比石楠属植物物种在赤道附近的非洲东部形成灌木带。蔷薇科的枝状多鳞属植物生长在热带安第斯山脉的高海拔地区，真正的树木在海拔13800英尺（约4200米）甚至更高的地方才可以见到。四季常青的桤木的生长范围从墨西哥到阿根廷北部，在没有多鳞属植物生长的地方形成林线。

我们很难对热带高山的林线下定义，因为非洲东部的巨型千里光属植物和南美洲的菊科植物都有直挺的木质的茎，也可以被称为"树木"。在一些地区，如安第斯山脉的西部山坡上，沙漠向山上延伸，那里没有森林，就不可能有林线。根据气候条件和植物生长形态，高山带的下限比较容易被标出。

动物的适应性

热带高山生态环境中的动物区系通常以几个科或属为主。在野外很难见到单个的动物，这里的动物通常身材较小，色彩单调。大多数单个的动物躲藏在洞穴或岩石中。

尽管空气密度和氧含量都低，但鸟类也不需要特别地去适应环境。它们在生理上已经进化出最大限度摄入氧气的呼吸系统。然而，空气密度较低，意味着它们不能飞得太高，因为那样会消耗更多的能量。鸟翼面积大或者体型较小的鸟，在飞行时处于优势地位。所以，出现一个看似矛盾的情况：非常小的鸟，如美洲大陆的蜂鸟和欧洲大陆的太阳鸟，非常大的翱翔的鸟，如神鹰和欧洲大陆的秃鹫，在高海拔地区并存。蜂鸟还有一个优势，它们能在体温降低的情况下生存，称为蛰伏，新陈代谢也相应减少。鸟只有在能量和食物供应都不足的夜晚才会进入蛰伏状态。以花蜜为食的欧洲大陆的太阳鸟和美洲大陆的蜂鸟，在各自的热带高山地区是常见的传授花粉者。

在安第斯山的高山稀疏草地上，每天气温都有波动，白天高达45℉（约25℃），夜间低至20℉（约-6.7℃）。热带高山昆虫如果想活下来，就必须避免夜间冰冻和白天高温导致的脱水。昆虫躲避在岩屑堆里或植被里，特别是在菊科植物莲座丛的枯叶里，那里的温度保持在0℃以上。据估计，植物大约4英尺（约1.2米）高的茎里有多达13万只昆虫居住，不同物种的昆虫占据植物的不同部分。高山稀疏草地上的大多数昆虫不能适应过度寒冷，它们如果没有住所，就会冻结。然而，有些蝗虫待在莲座丛之间的没有遮盖的植被里，它们耐寒，在低温的夜间也能存活。肯尼亚山上或周边的巨型狗舌草丛里也有类似的昆虫存在。

热带高山生物区系

南美洲高山地区

安第斯山脉的林线处于海拔11000英尺（约3250米）的位置，热带高山带位于林线之上（见图4.4）。处于北纬10°到南纬5°之间的北安第斯山脉上是高海拔的地貌，被称为高山稀疏草地。位于南纬5°～南纬22°，从秘鲁北部经由玻利维亚，再到智利和阿根廷北部的高海拔的内陆盆地被称为寒冷贫瘠高地或高原。尽管两者本质上都是草原，但在降雨量、草

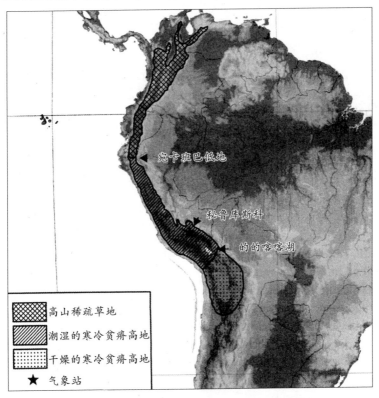

图4.4　热带南美洲的高山生态环境　（伯纳德·库恩尼克提供）

的高度、相关的植物和动物方面存在很大的差异。高山稀疏草地降水量多达75英寸（约1900毫米），是高海拔的潮湿草地，而寒冷贫瘠高地的降水量不足27英寸（约686毫米），是高海拔的荒漠草地。巨型菊科植物莲座丛是高山稀疏草地的特色植物，但它们不能在寒冷贫瘠高地上生存。大型动物，如骆马和小羊驼在寒冷贫瘠高地上而不是高山稀疏草地上生存。地形差异很明显。与安第斯山脉北部具有高山稀疏草地特点的崎岖不平的高山冰川和积雪盖顶的火山相比，寒冷贫瘠高地以宽阔的山间盆地或"高原"为特征。

高山稀疏草地　高山稀疏草地的南部边界是宛卡班巴低地，在那里马拉尼翁河上游的河水穿过秘鲁北部的安第斯山脉。低海拔带为亚马孙河和太平洋沿岸之间的物种创建了一个通道，但它对安第斯山脉上处于高海拔的动植物区系的南北通行却是一个大的地理障碍。

从委内瑞拉，经由哥伦比亚，再到厄瓜多尔的高山稀疏草地是潮湿的草地，是海拔低于9850英尺（约3000米）的森林与海拔高于15000英尺（约4500米）的永久雪线之间的一个草本植物生态系统。总的来说，它的平均温度低，早晚有冰冻，湿度大。高山稀疏草地在西班牙语中有"贫瘠的，杳无人烟的地方"之意。这是一个山峦陡峭的地区，是典型的高山冰川地形。在委内瑞拉，大部分的高山稀疏草地处在云雾林之上，宛如孤岛。土壤中的冻土层不像北极永冻土层那么深，冻土层每天融化，浸润着土壤，并产生泥流作用。这里没有季节变化，生长季可以持续全年。高山稀疏草地植物以草和莲座丛为主。安第斯山脉高山稀疏草地上生长着高的丛生禾草或草丛草，与肯尼亚山的高山地区相似，特别是一些巨型莲座丛，它们在外表上更相似。

高山稀疏草地气候湿润，几乎每天都有薄雾。海拔9850英尺（约3000米）地区的降水量在27英寸（约685毫米）至75英寸（约1900毫米）之间，由与赤道相关的位置和安第斯山脉的向风或背风的位置决定。在海拔更高的地方，降水量只有36英寸（约900毫米）。赤道以北最干燥的月份是1月和2月，赤道以南的最干燥的月份是6月和7月。雨季分别为4月至6月，8月至11月，与一年中赤道附近低压出现的时间相一致。干季的降水量小，陡峭山峦上的蒸发和径流作用，使高山稀疏草地的部分地区在长达4个月或更长的时间里宛如沙漠。

高山稀疏草地的气温在一天之中变化剧烈。在夜间，温度降至0℃以下，在正午可以升到73℉（约23℃）。一年中有许多天平均气温在0℃左右。在几座山峰上仍有冰川覆盖，但是在过去的十年里，它们已经迅速消融退却。高山稀疏草地位于赤道附近，全年所得到的日光量不会因季节变化而有所不同。晴空与云量作用相当，在干旱的季节和在云形成之前的清晨，对到达地表的辐射量均有影响。接近下午时，上坡风会导致云的形成，遮挡赤道地区的强烈日照，使空气变冷。植物必须时刻准备迎接每天的太阳辐射变化、酷热和冰冻。

气温的变化与距离地面的高度以及云量有关。在干季，距离地面5英尺（约1.5米）的夜间平均温度为27℉（约-2.8℃），白天为52℉（约11℃），气温从晚上8点到第二天早上9点保持在0℃以下长达13个小时。距离地面4英寸（约10厘米）的气温变化也有类似情况，但土壤表面的温度变化强烈，夜间14℉（约-10℃），白天有时高达104℉（约40℃）。在湿季多云的天气里，温度变化不那么明显。

浅表土壤养分少，蓄水能力低。在海拔13100英尺（约4000米）以上的超高山稀疏草地上，每天的冻融循环导致土壤不稳定。在海拔略低的地方，夜间的冰冻会形成针状冰。大多数的土壤没有得到很好的发育，难以形成排水良好的新成土或始成土。一些地区终年被水淹没，形成长有泥炭藓的沼泽，大多数土壤属酸性。

按照植被定义，高山稀疏草地上应该没有树木生长，但安第斯山脉的林地上却生长有小树林。属于多鳞属植物的树在林线以上长成植物群丛，形成植被岛，那里的微气候因受到保护会温暖一些。在这些地区，潮湿的灌木丛林地由酚茅、翦股颖、圣约翰草和多鳞属植物组成。

植物区系丰富。委内瑞拉的高山稀疏草地大约有420种开花植物，230种生长在超高山稀疏草地上。由于安第斯山脉和北极在现在或过去没有直接的联系，这里没有北极植物生长。大多数来自当地的低地植物群落物种，有一些物种只在特定的某一山峰或群峰上生长。冰岛马齿苋是个例外，它从北极南部分散开来经由落基山脉和安第斯山脉直到火地岛。这种植物具有分散的优势，是一年生植物，种子可以随风或随迁徙的鸟长距离旅行。一些非禾本草本植物和北极与中纬度的植物处于同等级别的属，如天竺葵、龙胆属植物、元参属植物、毛茛属植物，还有其他的植物。

高山稀疏草地上有多种植物群落。最常见的生长形态是丛生禾草。这里的植被有两层，上层是丛生禾草，下层是铺地植物、垫状植物、莲座丛、匍匐植物、半灌木、地衣和苔藓。在委内瑞拉高山稀疏草地上生长着多种多样的草，有30种之多。大多数是剪股颖、燕麦草、酚茅、圣约翰草和针茅。也有各种苔藓、地钱和地衣生长。尽管高山稀疏草地气候潮湿，但看起来总像秋天，新生植物间的干枯植物给景物涂上褐色（见图4.5）。在长着丛生禾草或者草丛的潮湿草地上，通常有巨型莲座丛菊科植物和粗茎风梨属植物生长。在多沼泽的潮湿松软的地方长着大型垫状植物、非禾本草本植物，以及高山兰科植物，占据着开阔的岩石区域。矮生竹、属于多个科的灌木（向日葵、桃花心木属和圣约翰草）和莎草也生长在这些区域。湿地上覆盖着垫子一样厚厚的苔藓、地衣和垫状植物。潮湿的沼泽土壤，夹带着露出地面的火山岩岩层和其他岩石，是溪流的源头。沼泽地带的代表性植物区系是奎宁灌木。

在海拔超过12800英尺（约3900米）荒凉的高山稀疏草地上，低矮的垫状植物显得特别突出。在海拔14000英尺（约4270米）的地方，草大量减少，矮灌木、铺地植物和垫状植物开始占据优势地位，蚤缀属垫状植物形成密实的有几英寸高的领地。在一些地方生长着当地特有的巨型垫状植物，以及菊科植物莲座丛。南美芹属状植物随着年龄的增长，

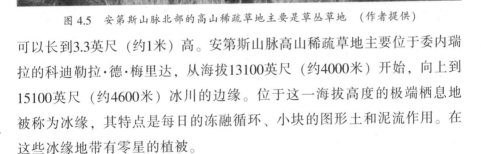

图 4.5　安第斯山脉北部的高山稀疏草地主要是草丛草地　（作者提供）

可以长到3.3英尺（约1米）高。安第斯山脉高山稀疏草地主要位于委内瑞
拉的科迪勒拉·德·梅里达，从海拔13100英尺（约4000米）开始，向上到
15100英尺（约4600米）冰川的边缘。位于这一海拔高度的极端栖息地
被称为冰缘，其特点是每日的冻融循环、小块的图形土和泥流作用。在
这些冰缘地带有零星的植被。

　　三种包含巨型菊科莲座丛的植物群丛占据着冰川边缘的栖息地，每
个植物群丛都有不同的物种。第一种菊科植物在海拔超过13000英尺
（约4000米）布满不稳定碎石堆的陡峭山坡上分布广泛，它们固着了山
坡上的碎石。这种植物有10英尺（约3米）高，顶部花序有40英寸（约
100厘米）长，寿命长达170年。比较小的一种菊科植物生长在岩石多的
地方，如刃岭上和冰斗边缘，那里的巨石可以保存热量，使植物可以在
海拔更高的地方生存。这种植物有3英尺（约1米）高，花序短，寿命也
是三种植物中最短的，只有70年。中间的这种菊科植物有7英尺（约2
米）高，生长在有中型砾石的缓坡上。它的花序为30英寸（约76厘米）

长，可以活130年。这三种植物仅靠种子繁殖，寿命长是一个优势。每一棵植物在一生中能结100万颗种子。另外两种菊科植物有匍匐茎，分别形成巨大的垫子或较矮的莲座丛。这两种在安第斯地带较低的区域占很重要的地位，但在高山稀疏草地的13800英尺（约4200米）的比较潮湿的地方也可以生长。

有三种生长在高海拔的高山稀疏草地上的菊科植物在开花后继续生长。它们的花序在莲座丛接近顶部的新生叶子间发芽，而顶芽茎继续向上生长。因顶芽茎成为花茎，花开后死亡的菊科植物，只在低于13000英尺（约4000米）的地方可以见到。

许多在海拔14000英尺（约4270米）或更高的地方生长的植物有浓密的毛茸茸的毛须。有一种菊科植物在这个高度生长，它是巨型莲座丛，在它们松散地覆盖着枯叶的茎上，长着厚厚的毛茸茸的白色叶子。这种植物是最大的菊科植物，能长到15英尺（约4.5米）高，与非洲的巨型千里光属植物外观相似。在靠近小溪、湖泊和泥炭沼泽的潮湿地区它长得很高，与草一起形成疏林草原。

高山带的其他栖息地由疏松砂岩和碎石组成。两种灌木（安第斯山脉之花和蜡烛树）在这种基质的土壤里生长，在土壤发育得足以使草生出根之前，它们独自在这一区域生长。在海拔13500～15750英尺（约4100～4800米）高的位于永久岩石和永久积雪范围内的上部高山地带的岩屑堆上，偶尔有分散的小莲座丛植物生长。

高山稀疏草地的动物　栖息在高山稀疏草地上的哺乳动物主要是小型食草动物，包括高山稀疏草地兔子和几种啮齿类动物。兔子主要生活在圣约翰草层之下，它们的洞穴有两部分，小的部分用来避难或逃跑，大的当作居住的窝。窝里铺着干草、苔藓和毛发，这些东西对寒冷的气温起到隔热作用。它们对高山稀疏草地的适应体现在多个方面，如有厚厚的毛皮，妊娠期长，每窝产崽少。燕麦草是兔子的主要食物。捕食兔子的动物有黑胸　鹰、白腰　和猫头鹰，偶尔还有美洲狮和高山稀疏草地野猫，以及野狗。

有名的大型哺乳动物包括山貘、小红短角鹿、北部普度鹿和杂食的眼镜熊。山貘是唯一不在热带森林中生活的貘。小红短角鹿和北部普度鹿都是小型的有蹄类动物，通常住在山地森林，由于它们的体型小，可以在草原上找到避难场所。短角鹿肩高28英寸（约70厘米），普度鹿是世界上最小的鹿，只有14英寸（约35厘米）高。白尾鹿在沿安第斯山脉的所有地方出现，它们以家为单位生活在山谷低地上，家庭成员多达五只。虽然它们喜欢多鳞属植物群丛，但它们也居住在开阔且多灌木的高山稀疏草地上。其他的大型食草动物是容易驯养的美洲驼和羊驼。

托马斯南美小麝駒属动物在高山稀疏草地生态系统中是重要的动物，它们在菊科植物和圣约翰草之下建巢穴、挖隧道。它们捕食小型啮齿动物，还以在地面筑巢的鸟的蛋和小鸟、蜥蜴以及昆虫为食，它们本身也是负鼠、鼬鼠、鹰和猫头鹰的猎物。长尾鼬是另一种重要的小型肉食动物。美洲狮和高山稀疏草地野猫偶尔也可以见到。

小型鸟是最常见的动物。高山稀疏草地位于高海拔地区，这使它成为候鸟方便的停歇之地。在来此繁衍后代的鸟中，找寻花蜜的蜂鸟是重要的传粉者，并具有在气温下降的时候冬眠的优势。高山的鸟一般比低地的鸟筑的巢要大，它们会选择温度更稳定的地点筑巢。高山稀疏草地上几乎没有食肉的蛇和蜥蜴，也没有树（除了分散的多鳞属植物小树林），所以，它们把巢筑在地上或矮灌木上。以昆虫为食的小鸟数量最多。在地面上觅食的食虫鸟有帕拉鹦，在小灌木丛中觅食昆虫的鸟有梅里达鹟鹩和芦苇鹟鹩。这里新鲜的水果、大粒的种子和体型大的尸体罕见，以水果、大粒种子为食的鸟和食腐鸟不常见。这里有鹰但不多见，偶尔才能见到安第斯山神鹰。自从20世纪50年代以来，在委内瑞拉已经灭绝的神鹰又被重新引进，但令人担忧的是，能给它们当食物的一些大型动物太少了。

许多昆虫、鸟，甚至小稻鼠生活在覆盖着巨型莲座丛茎的枯叶鞘中。从9月到12月，大多数巨型莲座丛同时开花，吸引了很多的传粉者。在委内瑞拉的高山稀疏草地上，菊科植物花周围会有1000多只昆虫。数量最多的昆虫是飞蝇和蠓，但也有蜜蜂和黄蜂。蝴蝶引人注目。甲虫无论在数量还是在物种多样性方面都占了上风，它们在安第斯高地大约有25个科，特别是在高山稀疏草地上有许多步甲物种。

虽然菊科植物可以利用自身产生的化学毒素来防止被当地动物吃掉，但外来的食草动物不受影响。大部分高山稀疏草地已转化为农业用地，并受到过度放牧的影响，这对生态系统是一个极大的威胁。

寒冷贫瘠高地　从宛卡班巴洼地向南到玻利维亚西部、智利和阿根廷北部，在海拔9850～16400英尺（约3000～5000米）的区域，是寒冷贫瘠高地。东部的高山迎着从东面刮来的信风，使雨影之下的寒冷贫瘠高地干燥。寒冷贫瘠高地是寒冷的草地，上面长着对干燥适应的丛生禾草。以针茅草为主，还有向日葵科灌木。其他常见的植物是羊茅和酚茅，还有匍匐莲座丛。寒冷贫瘠高地东部比较潮湿，有完整的草植被，中部和西部干燥，多灌木。降水及植物生长模式反映出这里只有一个雨季和一个极其寒冷的干季。寒冷贫瘠高地的东部每年有30英寸（约760毫米）的降雨，比较湿润。向西部和南部，越来越干燥。位于玻利维亚、智利和阿根廷边界的阿塔卡马沙漠极其干燥。在南纬15°的位置降水减少尤其显著。向南季节性变化加大，干季更长。大约85%的降水量发生在夏季，在干燥的冬季几乎没有降水。气温也随纬度变化。越是向南，季节性变化越强，冬季气温越寒冷。在秘鲁南部的高原有记录的气温为5℉（约-15℃），在玻利维亚寒冷贫瘠高地为-22℉（约-30℃）。南纬20°是寒冷贫瘠高地的南部界限，年平均气温上升18℉（约10℃），冬季更寒冷。几个世纪以来，高原的植被一直受放牧的影响，现存的植被是代表了自然景观还是人类经营的牧场，很难定论。

从秘鲁北部到玻利维亚北部，海拔在12100～13800英尺（约3700米和4200米）之间的潮湿的寒冷贫瘠高地上覆盖着丛生草草原和灌木（见

图 4.6　这里是秘鲁南部的高原，它是一个高山之间的海拔高的平原。背景为安帕托火山　（詹姆斯 S. 库斯博士提供）

图 4.6）。安第斯山脉在这一领域分为两个山脉，西科迪勒拉山脉和东科迪勒拉山脉。位于它们之间的中央大高原被称为高原。高原之上的山峰和峡谷被冰覆盖，冰舌向下延伸低至海拔9800英尺（约3000米）的地方。本特草、酚茅、羊茅和针茅是最引人注目的草，在更潮湿的地区还有山竹和蒲苇。这一地区排水情况欠佳，利于莎草、灯芯草和芦苇的生长。

　　高原上的安第斯寒冷贫瘠高地，在海拔13800英尺（约4200米）以上，因为海拔高，温度每天发生极端的变化。在夜间，气温降至0℃以下。年降水经常以雪或冰雹而不是雨的形式发生。草有羊茅、秘鲁针茅和酚茅。草丛直径有3英尺（约1米），高度也有3英尺（约1米）。匍匐状或莲座丛植物包括猫儿菊属植物和南美芹属垫状植物。海拔在1.3万英尺

粗茎凤梨属植物

　　粗茎凤梨属是安第斯山脉的菠萝科的唯一植物属，这个属的几个种是在高山稀疏草地和寒冷贫瘠高地上常见的巨型莲座丛。最常见的一种是*Puya hamata*，它是高山稀疏草地的指示性物种，还有一种*Puya clava-hercutis*。这两个种的莲座丛一般较小，直径不到2英尺（约0.6米），但花序可达5英尺（约1.5米）高。相比之下，濒临灭绝的巨粗茎凤梨，只生长在13100英尺（约4000米）以上的地方，可达10英尺（约3米）高。在80~100年后，这种稀有植物开一次花，死亡之前花序能长到15英尺（约4.5米）高。茎上的小花多达2万朵，因被毛苞片保护而不会受寒冷的影响。除了巨粗茎凤梨，粗茎凤梨属植物在个头大小和形状方面，与东非高山带的山梗菜属植物相似。

（约4000米）以上的潮湿地区是被称为"地下土壤潮湿的地域"的垫状沼泽，大型的垫状植物潜在水下或浮在水上生长。

　　干燥的寒冷贫瘠高地处在玻利维亚西部、智利和阿根廷北部。植被以热带高山草本植物和矮灌木为主。降水量低，每年有2~16英寸（约50~400毫米），干季持续八个月。这个灌木高地上有耐旱的灌木，如肉苁蓉；长满酚茅、羊茅和针茅，灌木可以长到8英尺（约2.5米）高。曾经浩瀚的咸水湖留下了大量的盐滩（见图4.7）。盐生植物，如滨藜属植物、盐草、泡菜草和碱蓬草生长在这种环境中。滨藜属植物组织内盐浓度高于土壤的盐浓度，可以让水从含盐的土壤移动到体内。当蒸腾发生的时候，为了防止在体内积聚太多的盐，它将盐排出叶子表面。覆满盐的叶子表面使植物外观呈现灰白色，也使大多数食草动物对其难以下咽。安第斯山仙人掌科的老人蒿仙人掌，因长着白色长毛而得名，生长在乌尤尼盐滩的岛上。土壤潮湿的地域也有大型的漂浮的垫状植物生长。

　　寒冷贫瘠高地的动物　　最具代表性的本土的哺乳动物是小羊驼、骆

图 4.7 兔鼠已经适应了取食高原上盐滩周围含盐的植物 （苏珊·L.伍德沃德提供）

马、南美栗鼠和兔鼠。骆驼家族的成员，如骆马、小羊驼，以及它们的
家养近亲，如羊驼和美洲驼，都有结实的门齿，能够咬断硅含量高的植
物（见图4.8）。骆马，很可能是驯化的美洲驼或羊驼的祖先，分布广泛。

圣佩德罗仙人掌

圣佩德罗仙人掌生长在厄瓜多尔和秘鲁高山上海拔 5000 ～ 9000
英尺（约 1500 ～ 2700 米）的地方，能够适应寒冷的气温条件，属于
多茎的柱状巨型植物，高达 20 英尺（约 6 米），所分的权伸展开有
6 英尺（约 2 米）宽。它的丝滑的绿色肉内含有少量的迷幻药和其他
致幻的化合物。在哥伦布来到美洲大陆以前的时代里，它具有被用于
仪式的悠久的历史。秘鲁的萨满巫医相信这种混合液体，有助于他们
找到使得病人的精神异常的原因。这种植物在大多数国家可以合法种
植，作为一种观赏花卉。

图 4.8　在秘鲁阿雷基帕城以北的阿瓜多布兰卡港自然保护区，经常看到小羊驼在寒冷贫瘠高地上吃草　（詹姆斯 S.库斯博士提供）

小羊驼只在海拔11500英尺（约3500米）的地区生存。啮齿类动物——黄金色的兔鼠喜食滨藜属植物。像其他的啮齿类动物一样，它有上下门齿。但它还有两颗上"牙齿"，实际上是尖锐的毛，帮助它们在吃滨藜属植物含盐的叶子之前，先刮掉叶子上的盐。这种动物的肾脏很特别，能排泄过多的盐分。

　　安第斯多毛的犰狳，身长12英寸（约30厘米），长着一根长度相当于身材一半的尾巴，主要吃小型脊椎动物和昆虫，也吃植物的根或块茎。铠甲之间的毛发帮助其保暖。典型的肉食动物有美洲狮和安第斯山狐狸。

　　美洲小鸵是一种长得像鸵鸟的鸟，站立时有3英尺（约1米）高，是南美洲特有的鸟类，人们可以在寒冷贫瘠高地和海拔低的草地上见到。美洲小鸵的食物包括植物、种子、根茎、昆虫和小脊椎动物。除了繁殖季节，它们成群生活，有时多达30只。雄鸟在孵卵和照看幼鸟的时候，有极强的领地意识，它们经常收养失散的小鸟。美洲小鸵不会飞，但跑得较快，速度可达每小时37英里（约60千米/时）。为了躲避捕猎，它们会跑"之"字形路线或突然蹲在草丛中。在寒冷贫瘠高地上，鹪鹋是另一种常见的在地上生活的鸟。许多当地特有的鸟分布广泛，包括灰胸雀霸鹟、皇抖尾地雀、三种秘鲁卡纳雀、橄榄绿色刺嘴蜂鸟

芦苇船

玻利维亚印第安人用的的喀喀湖附近生长的芦苇造小船，现在芦苇船已被耐用的木船取代。当索尔·海尔达首次尝试用芦苇船横渡大西洋的时候，却在加勒比海距离他的目标很近的地方船出事了。一年后，在1970年，在玻利维亚四个印第安人的帮助下，用改进的方案，他又建造了芦苇船。从摩洛哥到巴巴多斯的旅程获得了成功，用时57天行驶4000英里（约6440千米）。船体完好无损，经受住了大海风浪的考验。

和灰腹刺花鸟。多鳞属植物森林和灌木丛为大多数当地特有的鸟类提供了栖息地，它们在潮湿的或干燥的寒冷贫瘠高地上生存。在盐湖附近可以见到大群红鹳。

绒鼠

绒鼠柔软的毛茸茸的皮成为加工皮草的宠儿，它们遭到猎杀，几乎灭绝。直到1929年，狩猎绒鼠才被认为是违法行为。驯化饲养的绒鼠可以产出更优良的毛皮，这减少了对野生绒鼠的捕杀，但过去对野生绒鼠的大批捕杀如此严重，以至于绒鼠仍是濒危动物，人们无法知道还有多少绒鼠存活在野外。安第斯山猫，其大小相当于家猫，也同样罕见。山猫很可能以绒鼠为食。

> ### 红　鹳
>
> 　　世界上共有六种红鹳，有三种生活在安第斯高地上，尽管冬季气温极其寒冷，但温泉使高原盐湖中的水很温和，因此高原盐湖成了红鹳首选的栖息地。丰富的藻类、盐水虾和其他水生无脊椎动物给它们提供了食物。珍稀且濒危的詹姆斯和安第斯红鹳全年在高原上生活，在繁育季节，数量更多的智利红鹳也会加入其中。红鹳进食时嘴几乎不停地在盐水中移动，嘴中也会有盐分进入，这些盐可以通过鼻孔的特殊腺体排出。红鹳从泉水、水坑，或者它们浸透了雨水的羽毛中获得淡水。

东非高山地区

　　位于赤道的东非包括肯尼亚、乌干达、坦桑尼亚及埃塞俄比亚，它的气候和景观与东非其他国家有所不同（见图4.9）。非洲高山地区指赤道地区南北纬10°~15°的林线之上的所有高山地区。除鲁文佐里山和埃塞俄比亚高原之外，非洲高山地区由地质上形成较晚、孤立起来的火山群组成，它们沿东非大裂谷从南部的马拉维湖到北部的红海逐渐升高。面积最大的火山是沿西非裂谷的维龙加火山群，以及东非大裂谷上的阿伯德尔山、肯尼亚山、乞力马扎罗山和梅鲁火山。这些火山的年龄不同，埃尔贡山超过1500万年，肯尼亚山200万年，梅鲁火山不超过20万年。火山形成年代会对植物在这一地区的生长和植被现状有影响。鲁文佐里山由前寒武纪形成侵入岩的火成岩与变质岩构成。埃塞俄比亚高原是一个熔岩高原，被东非裂谷带分开，至少有十座山超过1.3万英尺（约4000米）。肯尼亚山有17058英尺（约5199米）高，乞力马扎罗山海拔19340英尺（约5895米），是非洲最高的山。冰川琢蚀了大多数的山峰，现在鲁文佐里山、肯尼亚山和乞力马扎罗山上仍有冰川存在。

　　非洲高山植物区系的物种不如安第斯山脉的多。因为高高的山峰彼此孤立而不是连续的山脉，每座山上都有独特的物种出现。植物区系中超过80%的物种是东非高山特有的，但不是所有物种都只在非洲高山存在。因为没有从北极或从中亚高地通往这里的通道，除了虎耳草属植物和报春花属植物之外，几乎见不到北方的植物。相反，植物区系和其他几个植物区系区域关系密切，这些区域包括南非、北半球温带、地中海和喜马拉雅山脉。

　　气候　几乎没有气象记录存在，但植被和动植物的地带分布差异表明在气候方面存在着差异。有两个雨季和两个旱季。冬季——北半球从12月到次年3月，南半球从6月到8月——是最干旱的季节。大多数降水

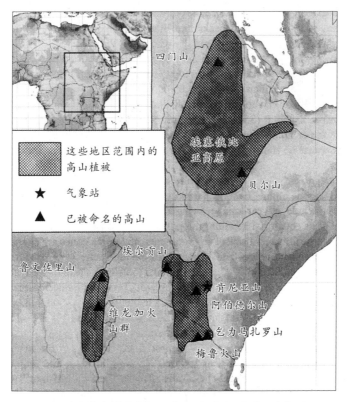

图 4.9　热带非洲的高山环境　（伯纳德·库恩尼克提供）

发生在夏季，分别为4月到5月，11月到12月。降水随着山脉的朝向发生变化，载有湿气的风来自南方和东南方，朝向这两个方向的所有的山峰和山脉，都会有较多的降雨量。降雨总量和干湿季节的长度变化较大。鲁文佐里山总是湿润的，肯尼亚山有一个月的干燥天气，乞力马扎罗山有4~11个月的干旱。肯尼亚山上超过12000英尺（约3650米）的高山地区，每年的降雨量为35英寸（约900毫米），海拔越高，降水越少。乞力马扎罗山比较干燥，在12500英尺（约3800米）高的地方，只能获得30英寸（约750毫米）的降水，在超过13000英尺（约4000米）高的地方，降水只有5英寸（约125毫米）。乞力马扎罗山的高山地区比肯尼亚山更贫瘠，山谷没有受到遮挡，渗水的基底几乎不能蓄水。

虽然年平均气温与北极冻原和中纬度高山相似，但存有巨大差异，主要体现在一整年的生长季和每天的冻融循环上。处于赤道的位置决定了生长季不会受寒冷的冬季的限制。非洲高山地带的特点是季节性变化小，每日温度变化相当大，其他热带环境也是如此。在肯尼亚山海拔10000英尺（约3000米）和17000英尺（约5200米）高的地方，全年月平均气温仅有3℉（约1.7℃）的变化。气温随海拔高度上升而下降，在海拔10000英尺（约3000米）高的森林，年平均气温为45℉（约7℃），在海拔13750英尺（约4200米）高的草丛地，年平均气温下降到35℉（约1.5℃），在海拔15650英尺（约4770米）高的岩石地区，气温下降到18℉（约-7.8℃），并且附近有冰川存在。

高海拔和赤道的位置决定了如下情况的存在，在白天会有强烈的太阳辐射到达地面，在夜晚热量又以红外辐射的方式向外释放，使温度降至冰点之下，雨和云也都影响温度。鲁文佐里山的云和雨较多，每天经历11℉（约6℃）的温度变化，而在肯尼亚山上，多云的情况不常见，昼夜温度变化是22℉~32℉（约12°~18℃）。埃塞俄比亚的贝尔山中有较多的大陆性高原，每日的温度变化更大。所有这些测量显示的都是空气温度，而不是地面上的小气候。在14800英尺（约4500米）高的地方，当空气温度为38℉（约3.5℃）的时候，地面或植被团内的温度要高得多，大约67℉（约19.4℃）。地面和空气温度在正午相差最大，有56℉（约31℃）。地面温度随晴阴情况快速变化。云层下或荫蔽处，空气和地面的温度是相似的。在肯尼亚山上较低的高山地区所测量的地面的最低温度是16℉（约-9℃）。虽然这样的低温不多见，但夜间有可能出现严重的霜冻。地形促成了小气候条件，尤其是冷空气沿山坡下沉到山谷底部后，会发生范围更广的融冻泥流，它会破坏土壤，阻止植物的分布。

气温每日都发生波动，相对湿度就会发生极端变化。肯尼亚山上的空气相对湿度清晨是90%，到中午下降到20%以下。然而，地面湿度相对稳定，在70%左右。因为夜晚相对湿度会增加，形成雨露和霜冻的水分很多。风对当地也有影响，植物倾向于生长在山脊和冰川附近的岩石的背风区域。

土壤　土壤几乎全都来自火山物质，但会因岩石化学过程、火山灰沉积、山的坡度以及降水的不同而不同。所有土壤都受到过严重的侵蚀，这一过程经常因过度放牧和农垦而加速。后形成的冰碛是常见的母质层，山谷两侧土质粗糙，而保有水分的山底土质精细，导致了沼泽的形成。许多化学活动因天气太冷而无法进行，所以土壤多呈酸性。山谷两侧裸露的陡峭斜坡会受到泥流作用的影响。在海拔14000英尺（约4250米）以上的山脊上形成的小块多边形，直径为5英寸（约13厘米），是每日温度波动导致冰冻作用或者裂隙干缩的结果。比较细小的物质主要集中在多边形的中心，而其边缘由碎石围成。苔藓最先在碎石的边缘固定下来，后被草成功地取代。在海拔14000英尺（约4270米）以下的地方，草丛植被较多，它可以为土壤隔热，所以冰冻作用不常发生。然而，在海拔12000英尺（约3660米）以上的地方，平坦谷底上的细小的沉积物会受到针状冰的影响，尤其在草丛之间或干涸湖床上的裸土里，这阻止了植物的存在。

植被　在赤道非洲，山地森林、石楠植物和非洲高山植被组成的高山带大体上保持完好。然而，在埃尔贡山和肯尼亚山上人类活动引起的火灾却改变了非洲高山生态环境。埃塞俄比亚的高山带受到火灾、伐木、放牧和农业的严重影响。山地森林依照所处位置，主要由带有针叶树的硬木组成，有时是竹子生长区域。石楠植被是明显的林线带，有树木、石楠属灌木和两个腓利比物种。

高山带从大约12000英尺（约3660米）的石楠植物带的上边缘延伸到15000英尺（约4570米）的恒雪带。虽然森林和石楠植物带与高山带没有明确的界定，但很少有植物能够在非洲高山的恶劣环境中生存下来，这导致了与邻近低地不同的植物区系的形成。随着海拔升高，石楠灌木大量减少，最后被巨型莲座丛和草丛草原取代。维管（束）植物的上限，标识物是偶尔见到的蜡菊，位于16000英尺（约4880米），在海拔超过17000英尺（约5200米）的地方会见到地衣。

非洲高山植被可以用三个生长层来定义。最上面的一层包括巨型莲座丛树木千里光属植物，在其下面的一层是草本植物或灌木层，通常有蜡菊和草丛草，地面层由矮的莲座丛或匍匐植物组成。虽然草丛草是高山地区的特色，但最明显的植物是山梗莱属植物千里光属植物——两种巨型莲座丛——斗篷草和蜡菊。总的来说，许多令人瞩目的高山物种为肯尼亚山或非洲东部热带山地所特有。

所有山梗莱属植物都长成紧凑的矮莲座丛，这种植物的花序有6英尺（约2米）高。它们木质的爬行茎匍匐在地上。在高山带生长的梗莱属植物，半边莲莲座丛，为肯尼亚山当地特有，虽然它们由高山地区的一条匍匐茎逐渐成长而来，但其下面的山地森林中的相关物种却长着多个直立的枝。高山山梗莱属植物的生长点的发育会因寒冷受到阻碍，只有一个茎得以生长。莲座丛在夜间会合上它们的叶子，紧包花蕾，保护它们的生长点免受寒冷侵袭。高山山梗莱属植物的茎和花序是空的，能起到更多的隔热作用。在气温降至23℉（约-5℃）的时候，植物的核心温度仍在冰点以上，有35℉（约1.7℃）。

　　山梗莱属植物半边莲通常成群生长，由生长在浅土中的地下茎相连。半边莲叶子宽大，上面没有茸毛，花序有5英尺（约1.5米）高。这种植物生长在潮湿地区，在中等高度的高山上密度最大。有一种特别的山梗莱属植物，非洲的半边莲属植物，为肯尼亚山、阿伯德尔山和埃尔贡山所特有，主要生长在高山上排水良好，土壤基质粗糙的地方。这种植物的窄叶上有蜡质表层，可以用来与别的种类区分。毛茸茸的苞片包裹着6英尺（约1.8米）高的花序上的花。

　　巨型千里光和巨型千里光属植物的生长形态，因海拔、朝向和微气候而不同，优势物种因栖息地不同而不同。这些植物在开花后会继续生长，在茎周围都有枯叶形成的隔热层。有时人们会环剥树皮，把树皮用作燃料，导致植物死亡。巨型千里光属植物像树一样，长着木质的茎。并非所有的巨型千里光属植物都是垂直生长的。千里光芸薹属植物——肯尼亚山当地特有的巨型千里光，比其他任何生长在高山带的大型千里光植物所处的海拔都低，它有矮的莲座丛叶子，叶子背面毛茸茸的。叶子一直长到匍匐在地表的木质茎的顶端。高的花序达3英尺（约1米），开着亮黄色花。一些千里光物种以矮的匍匐的草本植物形式出现，形成10英寸（约25厘米）高的垫子。

　　在非洲高山带见到的一些植物群落中，最重要的五个群落分布不均匀。按照定义，非洲高山指林线以上的区域，但它有独特的林地或树形的巨型千里光植物组成的森林，它们通常生长在能够获得地下水的深层的土壤里。除了特别干燥的梅鲁山之外，这些巨型莲座丛在所有高山上都能存活，它们是在最高海拔位置能见到的植物中的一种。这一植物属为赤道东非所特有，在埃塞俄比亚见不到。彼此不同但相关的物种在每一座孤立的高山上各自进化。蜡菊矮灌木丛在不同生长地有不同的种类。这种灌木丛在所有高山的岩石地上都可见到，包括埃塞俄比亚。它们生长在温泽雷斯山上，给人留下深刻印象的是，它们形成的6.5英尺（约2米）高的密密的矮灌木丛。斗篷草矮灌木丛可以在平缓倾斜、排水

图 4.10　斗篷草在东非高山生态环境中是常见灌木
（由密苏里植物园的雷纳 W.巴斯曼提供）

良好的地方见到。不同的山峰有不同的优势物种（见图 4.10）。暗棕色的草丛草地上主要生长羊茅，以及翦股颖、须芒草和发草。在所有的山上都能见到禾本科的植物，但在比较潮湿的地方，如维龙加火山和鲁文佐里山，它们并不常见。草原在排水良好，有点陡峭的土壤中生长，在斗篷草矮灌木丛被火烧毁后，草原可以取代灌木丛。苔属植物沼泽在排水不畅的平坦或平缓斜坡上形成，而且通常能产生泥炭。虽然沼泽在非洲高原上可见到，但它在石楠植物带更重要，在梅鲁火山上见不到沼泽。在比较潮湿的山上，附生植物苔藓、地衣和地钱生长在巨型千里光属植物的树干上，尤其是在叶子遭到破坏而没有保护的地方。地衣在比较干燥的山区具有生长优势。

东非高山动物　人们并没有对赤道东非高山的动物种类进行过清点，但比较引人注目的物种是众所周知的。肯尼亚山上的哺乳类食草动物有岩蹄兔、非洲沼鼠和常见非洲小羚羊。毗邻草丛草原和水的冰碛或峭壁成了它们的栖息地。每种动物都有自己偏爱的微环境：蹄兔居住在岩石间，老鼠在巨型千里光或草丛的基部挖掘洞穴，小羚羊更喜欢巨型千里光植物森林。在非洲高山带常常可以见到蹄兔，在不同的高山上有它们不同的亚种（见图4.12）。它们吃苔藓和草，草的种类与距离它们洞穴的远近有关。高山蹄兔的毛超过2英寸（约5厘米）长，而低地热带草原上蹄兔的毛仅有0.5英寸（约1.3厘米）长。高山蹄兔的体型更大。不同于低地蹄兔，它们经常在通往湖泊、溪流喝水的小道上留下足迹。它们的洞穴在岩石之间，但洞里的温度高于0℃，比外面的环境温暖得多。它

肯尼亚山植物的垂直分布带

位于赤道的肯尼亚山是死火山，有许多火山锥点缀在它的北部和东北部的山坡上。受冰川作用的深邃的U型山谷从它的山峰向下延伸。泰莱基山谷是其中最大的山谷之一，谷壁光滑，山脊崎岖。陡峭的峡谷壁不受侵蚀的影响，表面的小石子可以让水通过。冰碛很常见。肯尼亚山的崎岖山峰和受冰川作用的有陡峭峡谷的地貌与乞力马扎罗山的光滑的圆形地貌形成鲜明的对比。

石楠植物带在肯尼亚山上形成了一条狭长地带，不如其他东非山脉上的地带明显（见图4.11）。在某种程度上，这归因于人类活动，如火灾曾给它带来过伤害，使这里只剩下矮灌木。不同朝向的山坡上有不同的气候，使这一地带的植物的组成多种多样。普罗梯亚木形成13英尺（约4米）高的封闭的群落，不同的栖息地决定着不同的林下植被。石楠树和腓利比物种有12英尺（约3.6米）高，占据着地面上覆盖着丰富藓类的岩石山脊和冰碛，松萝属地衣会覆盖在石楠植物上。在多沼泽的地方，牛毛草和苔属莎草草丛占主导地位，草丛间有斗篷草生长。因为大部分地面被草丛覆盖，所以这里留给人的总的印象是草原，偶尔有半边莲巨型莲座丛。

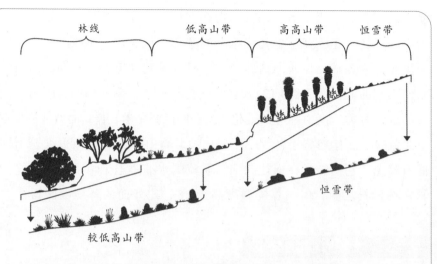

图 4.11 肯尼亚山上的植被分布带 (杰夫·迪克逊提供)

　　根据不同的巨型莲座丛所处的地位，无树的环境可以分为较低高山带、高高山带和恒雪带。相当多的物种重叠和植物群落交错的现象由坡度、朝向、排水和其他的当地特点等因素决定（在没有受到冰川作用的山上，对地带定义更准确，如乞力马扎罗山，它的朝向和坡度变化不大）。

　　位于海拔12000英尺（约3660米）的低高山带的标记就是有大量的沿地面生长的巨型千里光，而没有树型的巨型千里光。在这里可以遇到两个基本的栖息地——草地和顶部山脊。平坦或平缓的草地和山谷底部通常是潮湿的，其特点是有草丛草地，羊茅连绵不绝，很少或几乎没有灌木。牛毛草形成超过3英尺（约1米）高的簇丛，也有较小的苔属植物莎草草丛。苔藓和较小的莲座丛在草丛间的林下腐殖质里生长。山梗菜属植物有1英尺（约0.3米）高，直径18英寸（约46厘米）的莲座丛，它们形成分散的群，占据着半沼泽地带，那里的土壤富含腐殖质，因渗漏或者积水而保持潮湿。垂头羊胡子草丛连同成片的葡匐千里光植物在岩石边缘的草地上生长。

受到风化和侵蚀的山顶，有时还有受过侵蚀的古老冰碛，提供了一个有更多岩石、更裸露、更干燥的栖息地，栖息地上有延续到高高山带的植物群落。一层垂头羊胡子草和其他草延伸到海拔15000英尺（约4570米）高的地方，草因暴露增加而变矮。排水过度引起土壤干燥，霜冻严重使土壤无法保持稳定，草丛间几乎没有莲座丛。爬行植物和木本植物只在受到保护的地方生长，如蜡菊。分散的巨型千里光在较高海拔的地方更常见，它们生长在排水良好的山脊上，生长环境恶劣，开始向高-高山带过渡。蹄兔洞穴附近积累的粪便供养着当地特有的多汁植物，它们生长茂密。

高高山带位于海拔约14000英尺（约4270米）的地方，其特点是在它的明显清楚的植物群落中有巨型千里光植物。谷壁——冰川谷的陡峭坡面土壤潮湿但排水良好。谷壁典型特征是它被对水分有不同要求的千里光植物的生长形态覆盖。在山坡的较高位置，高的树形巨型千里光生长在排水良好，但可以接近丰富地下水的浅层土壤里，而匍匐巨型千里光沿着谷壁在较低的地方生长，这些地方位于饱含水分的细粒土壤之上或湖泊周围。厚厚的成簇的斗篷草灌木在巨型千里光的基部生长。被陡峭悬崖包围受到保护的区域，为石楠植被在海拔比通常高的位置生长提供了条件。谷底的土磷地和潮湿的平地供养着羊茅和翦股颖草丛。山顶受到风和密集的冰冻的肆虐。在海拔14500英尺（约4420米）的平缓的山脊上有稀疏的草丛，但在海拔15000英尺（约4570米）以上的地方没有草丛。斗篷草丛与木本蜡菊占据着山顶下面的土地。岩石露出地面的部分物种更多，在多风地区的巨石背风处生长的草本千里光。小千里光在蹄兔的领地很常见。

肯尼亚山上的恒雪带指海拔15000英尺（约4570米）以上的冰川已经退去的地方，而不是指永久积雪和冰。发育不良的植物在受到保护的地方生长，移居的植物在冰以上25英尺（约7.6米）的地方可以见到，如草本千里光。布朗蜡菊，一种耐寒灌木，山上最高的植物，在海拔16000英尺（约4880米）高的有少量土壤的岩石裂缝中生长，长期以来那里一直不结冰。

图 4.12　食草的蹄兔住在非洲高山岩石之间的洞穴里　（斯蒂芬·福斯特提供）

们不吃在洞穴入口生长的植物，这有助于它们隐藏洞穴的位置。

　　长毛非洲沼鼠在草丛草地上常见。它们在巨型千里光的基部打洞，然后进入到植物中直到叶子的基部，那里温度更稳定。沼鼠以植物根系和种子为食。在数量上比较少的小羚羊生活在石楠地带或巨型千里光森林中，在那里它们啃食斗篷草和其他的木本植物。其他小型哺乳动物包括鼩鼱、刚毛鼠属动物和大鼹鼠。

　　肉食动物主要以蹄兔为食，偶尔会出现豹、野狗等。几种猛禽，如麦金德猫头鹰、非洲　、黑雕和髭兀鹰也是以掠食蹄兔为主。

　　肯尼亚山上最常见的鸟是红领绿太阳鸟和条纹丝雀，它们都生活在巨型千里光的植物叶子带里。太阳鸟在高山地带利用巨型莲座丛终年繁殖。它们用长长的鸟喙，从山梗菜属植物花的深处汲取花蜜，有时也以昆虫为食，特别是生活在花序里的飞蝇。半边莲莲座丛之间的水塘里繁殖的蚊子也是它们的美食，它们会剥掉千里光叶子上的茸毛去填塞它的巢。

　　昆虫也会利用植物中的微气候。生活在羊茅草丛中的两种飞蛾在植物的基部与边缘的叶子之间建立丝质导管。这些昆虫在导管里移动来应对每天的温度波动，它们在植物的基部度过最热和最冷的时光，只在温度比较温和的清晨和傍晚才冒险到边缘的叶子上。昆虫能在其他动物的巢穴中、岩石下、半边莲或千里光的莲座丛下，或者在巨型千里光茎上的枯叶里躲避寒冷。蚊子在半边莲莲座丛里繁殖，在巨型千里光里躲避危险。尤其是甲虫，只在鼹鼠洞穴的环境中生长。一些物种明显地只局限在一座山或一个栖息地上生长。人们对非洲高山无脊椎动物的研究很少，无法对此做出评价。然而，许多物种已经进化，在埃尔贡山上的一个小区域，有22个不同的物种和亚种的甲虫属步行虫。

　　唯一的爬行动物是高山草甸蜥蜴，它们生活在草丛里和石头下。

埃塞俄比亚山地森林沼泽地

　　埃塞俄比亚高原面积广阔，有海拔超过6500英尺（约2000米）的山脉和海拔超过9850英尺（约3000米）的山峰。北部的四门山是最高的山，海拔15158英尺（约4620米），南部的贝尔山脉形成面积最大的连续的非洲高山区域。与被较湿气候包围的东非的高山相反，埃塞俄比亚高原在干燥的地上升起。人们对高山气候变化的大部分原因尚不清楚，但是可以肯定气候随着海拔变化而变化。降水量从西南的100英寸（约2500毫米）到北方的40英寸（约1000毫米），年降雨量相差很大；地点不同，干季的长短也不同，短的只有两个月，长的为十个月。冰冻全年都发生，尤其是从11月到次年3月的冬季。白天气温有极端变化，从夜晚的5℉（约-15℃）升到白天的79℉（约26℃）。

图4.13 在埃塞俄比亚高原上的圣约翰草个头出奇地
大 (密苏里植物园的雷纳 W.巴斯曼提供)

有80%的海拔超过
9850英尺 (约3000米)
的非洲陆地在埃塞俄比
亚境内。高山带的较低
部分是山地森林或者草
原，它们如今因过度放
牧而退化。几个高山湖
泊给这里的景观增添了
美色。这里的植物区系
与古北区和热带非洲的
植物王国里的植物有亲
缘关系，在孤立的火山
高地上可以见到高等级
的特有物种分布体系。
贝尔山脉是特有物种分
布体系的中心，20%的
野生哺乳动物为这一山
脉所特有。大裂谷把高
原和它的生物群分成两
个部分。最高的地区在
更新世受冰河作用的影
响，上面没有覆盖，被移植到这里的动植物只有几千年的历史。

植物为适应高—高山环境而进行的调整具有向巨型发展的特征，如
巨型半边莲、石楠和巨型圣约翰草。许多圣约翰草是草本的，或是灌木
的，在埃塞俄比亚，这种草能长到40英尺 (约12米) 高，躯干直径达10
英寸 (约25厘米) (见图4.13)。适应性调整还包括减少蒸腾。例如，半
边莲长着厚的皮质叶子，许多物种的叶子表面积很小。许多多年生植物

的花干得像纸一样，能耐受强风。

植被以长着灌木的草原，或是以长着蜡菊矮灌木丛和草丛草的沼泽地为主。处于支配地位的林线矮灌木丛由腓利比、石楠和其他灌木组成。在裸露的土壤里生长的较小的植物主要包括蜡菊、斗篷草、六月草和发草。在比较潮湿的地区生长着苔属植物莎草。在海拔12150英尺（约3700米）以上的地方，主要是苔属植物莎草和羊茅草原，还有巨型半边莲。半边莲的一个种是埃塞俄比亚唯一的巨型莲座丛。在最高的地区，羊茅和蜡菊组成的矮树群落一直延伸到山顶。在高海拔的峭壁和岩石边坡上植被很少。埃塞俄比亚高原不同于其他非洲高山山脉，高原上几乎没有枝状的斗篷树，也没有巨型千里光。高原上有非洲玫瑰和黄报春花，它们是典型的欧洲和亚洲高山地区的植物属。地衣遍布木本的树木或灌木上。

就动物而言，埃塞俄比亚高原是一个独特的地区，有好几种当地特有的动物和濒危哺乳动物。赛盟国家公园在1978年被列为世界文化遗产。最值得注意的是十分罕见的埃塞俄比亚狼，也称作赛盟狐狸，生活在9800英尺（约3000米）以上的开阔的荒野上，以穴居的啮齿类动物——大鼹鼠为食。从进化的角度讲，埃塞俄比亚狼与欧洲灰狼有血缘关系，证明了这里与欧亚大陆从前曾有过联系。大鼹鼠是大型啮齿类动物，也起源于欧洲。狼的其他猎食对象有在白天活动的草鼠和史塔克野兔等。在啮齿类动物中，物种形成的比例很高。其他为埃塞俄比亚高山所特有的啮齿类动物，有大攀鼠、狭颅鼠和黑爪蓬毛鼠。近似于当地特有的动物有西敏源羊、山薮羚和狮尾狒。野生山羊、南非林羚和狒狒，在岩石上栖息的山羚和岩蹄兔，表明了这里的生态系统与沙漠生态系统的关系。

高山湖泊和溪流为鸟类尤其是为古北区的越冬鸟类提供了极好的栖息地。那里有数千只野鸭，包括赤颈鸭和琵嘴鸭。涉水鸟数量众多，如流苏鹬和青足鹬。金雕、红嘴山鸦和赤麻鸭等所有古北区的物种均在埃塞俄比亚高山上繁殖，这是它们在北温带之外的唯一的已知繁殖地点。

良好的农耕条件，吸引着越来越多的农业人口。埃塞俄比亚高原已经被人们耕作了几个世纪，很多地区已经退化。大部分非洲高山地区的生态环境越来越荒凉。然而，赤道东非的山地森林和石楠植物带仍然受到人类活动的影响。

夏威夷群岛

夏威夷群岛距离北美洲大约2500英里（约4000千米），它是世界上最孤立的群岛。夏威夷群岛的莫纳克亚山，海拔最高，为13802英尺（约4207米），紧随其后的是莫纳罗亚山，海拔13681英尺（约4170米）。毛伊岛上的哈雷阿卡拉山有10026英尺（约3056米）高。这些火山是从海底升起的，从未与任何一个大陆有过联系，许多大陆上的生命形式，如蚂蚁、针叶树、大多数陆地鸟类，以及除蝙蝠外的所有哺乳动物都无法进入这些群岛。借助风，大洋上航行的船，或附着在鸟毛或鸟爪上的物种远距离传播发生得也不频繁，真正到达这里的植物和动物进行着与世隔绝的进化。夏威夷生物群系的多样性源于适应性辐射，意思是移入的植物和动物进化成许多不同的物种，占据着空闲的生态区位或栖息地。在300多年前，波利尼西亚人移居到岛屿上，他们带来了猪、原鸡、狗和波利尼西亚鼠以及（无意中带来的）壁虎、小蜥蜴和蜗牛。许多粮食作物，如芋头也被引入。后来，欧洲人把牛、山羊和绵羊也带到了岛上。

尽管夏威夷岛屿位于热带及热带附近地区（北纬20°），但岛屿上比较高的山顶仍然寒冷。莫纳克亚山的平均气温是39℉（约4℃），高山在更新世时期受过冰河作用的影响。莫纳克亚山和莫纳罗亚山上海拔8200英尺（约2500米）高的地方时常下雪，但在哈雷阿卡拉山上只是偶尔下雪。在新熔岩和火山灰地区很少有土壤发育。

夏威夷群岛处在信风和亚热带高压的影响之下，在这里有逆温层。温暖潮湿的信风上升时，它所携带的空气会变冷，而处于高压层之下的下沉空气在下降时会变暖。这就导致在海拔5000～7000英尺（约1500～2130米）的高度，暖空气叠压在冷空气之上，称为逆温，正常温度随海拔上升而变冷的规律完全被颠倒了，或者被逆反了。逆温层阻止信风气流上升，也就阻断了高山带的水分。在哈雷阿卡拉山的顶峰，每年降水量不足30英寸（约750毫米），莫纳克亚山甚至更干燥，降水量少于15英寸（约380毫米）。莫纳克亚山干燥晴朗的天空为天文观测提供了理想的条件，世界上主要的天文台都坐落在此山峰上。

　　封闭的森林向上延伸到海拔约6500英尺（海拔约2000米）的地方，与信风逆层相一致。林线总体上在海拔9000英尺（约2740米）高的位置，以灌木地或长着橡树的开阔草地为标志。逆温对降水的影响，使林线以上的从森林到高山矮树的变化十分突然。高山带不仅比低地干燥得多，而且由于缺少云量，接收的太阳辐射也更多。

　　在林线以上是三个有稀疏植被的生物带：高山灌丛、高山沙漠和风蚀区。在海拔大约8200英尺（海拔约2500米）高的地方有以夏威夷蓝莓、仙鹤草和粘草等匍匐灌木为主的高山灌木丛林地，它具有从潮湿的森林到干燥的亚高山变化的特点。在这个海拔高度，降水不足导致植物身材矮小，大部分降水以冬季降雪的形式发生，夜间常见冰冻。在比较干燥的山坡上，高山矮树向海拔低的地方延伸。在哈雷阿卡拉山东北侧海拔8000英尺（约2440米）的地方是开阔的草地，主要生长着当地所特有的羊胡子草丛。植物生长的最高海拔是11300英尺（约3450米）。就在高山沙漠前面，夏威夷蓝莓等匍匐灌木与一些丛生禾草，如发草、黍属高杆草、翦股颖、苔草属莎草和蕨类植物一起生长。高山灌丛中两种引人注目的外来的物种———一种是猫儿菊属植物，长得有点像蒲公英，另一种是毛茸茸的毛蕊花属植物。除了一些耐寒植物，高山灌丛层是夏威夷巨型莲座丛银剑生长的地带。

　　从高山灌丛带之上到植物生长上限，海拔11300英尺（约3450米）的地方，是由新火山灰、灰烬和熔岩组成的高山沙漠。熔岩从莫纳克亚山、莫纳罗亚山和哈雷阿卡拉山的顶峰流出。冰冻几乎每晚都发生。在莫纳克亚山山顶火山锥的灰烬下面不到3.3英尺（约1米）深的地方可以见到永久冰，哈雷阿卡拉山有一些活跃的图形土，如多石头的条状土。植物生命仅限于地衣和苔藓。

在高山沙漠之上，高山的最高部分是风蚀区。生命形式仅限于当地的节肢动物，它们能适应严寒和贫瘠的生境，靠由向山上刮的风携带上去的植物物质和动物物质生存。在哈雷阿卡拉山上，有一种不会飞的蛾子幼虫靠吃被困在网里的叶子生存。至少有一种蜘蛛吃被风吹上山的昆虫。莫纳克亚山的臭虫和它的近亲莫纳罗亚山的臭虫也不会飞。不像它们在低海拔吃素的亲戚，它们吸食冰冷的或死去的昆虫的体液。在低温的情况下，在它们的血液里会发生能阻止它们结冰的变化。臭虫对热非常敏感，甚至对人类手上的热量也能感觉到。

夏威夷群岛的高山上的大多数动物包括毁灭了当地物种后引进的物种，主要有猪、老鼠、狗和原鸡。哈雷阿卡拉国家公园的草原和灌木地在20世纪80年代以前受到了猪的相对大的破坏，之后猪被逐出公园。当这些猪挖掘它们喜食的猫儿菊属植物或蕨类植物时，破坏了当地的植物，这使外来植物能广泛分布，取代更多的当地植物。山羊、绵羊和牛也不利于本地植物生长。

银剑　银剑是夏威夷群岛和毛伊岛特有的植物，它们是不易弯曲的肉质叶子莲座丛，分布在莫纳克亚山、莫纳罗亚山和哈雷阿卡拉山的高山灌丛区域。虽然从外表看它们是银白色的，但实际上它们长长的尖状叶是石灰绿色的，叶子上面长着浓密的丝质的银色毛。据测量，银剑栖息地上有最强的太阳辐射，银色的茸毛可以反射可见光和紫外线，但是易受损坏。

银剑和绿剑属于三个属，有30个物种处于有亲属关系的被称为银剑联盟的群中，包括草本植物、藤本植物、灌木、树木和莲座丛植物，全部都为夏威夷当地所特有。这个联盟是适应性辐射和趋同进化的极好的例子，所有的物种都是从北美洲的向日葵科粘草进化而来，大约在520万年前抵达夏威夷群岛。对银剑的分类法也在变化，也有关于一些银剑是种还是亚种的争论。

在夏威夷粘草的23个物种中，只有一些长着多汁叶子的物种生长在高山带。三种银剑和两种毛伊绿剑只在毛伊岛和夏威夷群岛上海拔4900英尺（约1500米）以上的地方小范围分布。有两种银剑生长在哈雷阿卡拉山、莫纳克亚山和莫纳罗亚山的高山灌丛里。像沙漠植物一样，它们能适应强烈的阳光和干燥的条件。第三种银剑是长得很小的银剑，直径只有6英寸（约15厘米），花茎1.5英尺（约0.5米）高，这种银剑占据着毛伊岛西部的森林与高山之间的过渡区的沼泽。两种毛伊岛绿剑在它们的绿叶上几乎不长银色的茸毛，它们生长在多雾的地方。考艾岛上的两种绿剑属于不同的属，在夏威夷被称为"iliau"。它们是群岛与当地特有植物，不在高山生态环境中生长。

银剑的叶子又长又窄，有6~16英寸（约15~40厘米）长，0.2~0.6英寸（约0.5~1.5厘米）宽。这个属已经进化为与热带非洲和热带安第斯山脉的巨型莲座丛相似的生长形态，莲座丛保护它们内部的生长点，高高的花茎从生长点上露出。储存在叶子中的水分和营养可供高的花序生长。植物紧紧贴在地上生长，长成莲座丛，茎长得非常短。两个亚种在花序的形状和地理位置方面不同：一个在哈雷阿卡拉火山口，另一个在莫纳克亚山上。两个亚种分别生长在海拔7000~12300英尺（约2130~3750米）之间的有干燥的火山灰的高山生态环境中。第三种是莫纳罗亚山银剑，只限在莫纳罗亚火山上生长，它的生长区域现已辟为夏威夷火山国家公园，受到了保护。一种矮的枝状粘草在多风的裸露的山坡上可以见到，是与天然的银剑自由杂交的结果。30多个被确认了的杂交品种，表明了在植物身上发生的并不遥远的进化。

银剑在一生中只开一次花。这种植物需要15~50年的时间才能进入到从种子到开花的成熟阶段。它有一个紧凑的莲座丛，在莲座丛直径达到2英尺（约0.6米）后，它会长出花茎。银剑在6月中旬到11月开花，3

个月后种子成熟，植物死亡。携带50~600个粉红色的、白色的或红色的雏菊形的花朵的花序，可以长到10英尺（约3米）高，30英寸（约76厘米）宽。每棵植物结出数千粒种子。因为需要异花授粉，所以在一个区域的所有植物通常在同一时间内开花。银剑的叶片、茎和主枝茎上长着有黏性的茸毛，茸毛能帮助它捕捉爬行的昆虫，防止它们接近花粉。但它允许黄脸蜜蜂携带花粉到其他植物上。小莲座丛偶尔会长出并与主体分开，这是一个优势，因为只长着花茎的莲座丛将会死亡。

20世纪初，由于人为破坏、山羊与牛的啃食，银剑种群处于高濒危状态，它们的根系很容易被碾压进松散的火山灰中。在破坏行为减少，牛和羊分别在20世纪30年代和80年代被清出国家公园后，它们的数量从过去的2000~4000株上升到60000多株了。

词 汇 表①

消　融　冰从冰川消失的过程，包括融化、崩解和升华。

风　蚀　指地表松散物质被风吹扬或搬运的过程，以及地表受到风吹起颗粒的磨蚀作用。

反照率　物体反射太阳辐射与入射总辐射的比率。

高山带　指从森林界线或乔木界线到恒雪带下限雪线的地带。

高山冰川　山谷中沿山坡向下移动的冰。形态受到山谷的限制不能覆盖整个地面，也被称为山谷冰川。

一年生植物　在一年内完成生命周期的植物。

南极洲　指处于南纬 66.5°的南极圈与南极之间的纬度地区。也可以笼统地指南极圈附近或以南的地区。

北极地带　指处于北纬 66.5°的北极圈与北极之间的地带。也可以笼统地指北极圈附近或以北的地区。

刃　脊　由冰斗或两条相邻冰川的槽谷不断扩大、后退而形成。

生物群落　在一定生活环境中的所有生物种群的总和叫作生物群落，简称群落。

生物区　混合的动植物群，包括所有的植物和动物。

---

①这是原著者对书中涉及的词语进行的通俗解释，并非严谨的科学解释，译者忠于原文进行了翻译——编者。

冰砾土 冰川留下的未分类的岩石和碎石子堆。

珠 芽 花茎上长出的微小的鳞茎。

冰川崩解 大块的冰从冰川上崩离。

景天酸代谢 植物为避免水分过快的流失，而采取的碳固定方法。

树冠层 树木或者灌木的顶部区域。

新生代 最新的地质时代，距今 6500 万年前。

地上芽植物（朗吉尔分类系统） 更新芽所处位置刚刚超出地表的植物。

环极区带 环绕北极的（生物）分布地区。

气 候 几十年或是几个世纪以来，大气物理特征的平均状态。

大陆冰川 覆盖大面积大陆的冰，也称冰原。

大陆性 季节性温度和湿度变化对大陆的影响。大陆区域与海上区域相比，夏季更温暖，冬季更寒冷。

覆盖率 地表植被的覆盖比例，通常以百分比来计量。

白垩纪 一个地质时间段，大致从 1.45 亿年前到 6500 万年前。

壳状（地衣） 硬壳状的。与叶状地衣和枝状地衣相比较而言。

隐花植物 不长花的植物群，包括藻类、真菌、苔藓、地衣和蕨类。它们大多数是非维管（束）植物，没有用来输送水分或营养的分化组织。

垫状植物 在茂密土丘上缓慢生长的多茎植物。

蓝藻细菌 也被称为蓝绿藻。生长于土壤与水中，能够固定氮，并进行光合作用。

气旋风暴 一种天气类型，在中纬度地区，当冷空气与暖空气接触时产生。

落叶林 植物生长有明显的季节性，树种较针叶林带复杂。

昼夜变化 从白天到夜晚的变化，如气温。

矮生灌木　长着树枝的小灌木，高度不足 12 英尺（约 30 厘米）。

群落交错区　两个生物群落交界的区域，那里气候和植物类型有渐进变化。

生态型　一种植物或动物，没有完全进化到所属物种应该具有的水平，为了适应不同生态环境而产生多种形态。

能量平衡　来自太阳的能量与地球释放的能量的比较。结果可能是正数，也可能是负数。也被称为辐射平衡。

蒸　腾　土壤水分、水域水分以及从植物叶子的气孔排出的水分以水蒸气的形式进入大气层的过程。

常青植物　通常指乔木或灌木，它们全年都有叶子。叶子会在一年或者一个季节内更换。

动物群落　在一个特定地区的所有动物种类。

植物群落　在一个特定地区的所有植物种类。

植物区　所有的植物进化和生长的区域。

焚　风　气流翻过山岭时，在背风坡绝热下沉而形成干热的风。

叶状地衣　地衣体叶片状。大多由菌丝束形成，很多假根与生长基质相连，易于将其分离。

枝状地衣　植物体直立，通常分枝，成丛生状。

属　由一个或多个密切相关的物种组成的分类单位。

硕大形态　长得比正常形态大的一些物种的特征。

冰　碛　在冰川作用过程中，所挟带和搬运的碎屑构成的堆积物。又称冰川沉积物。

灰黏（作用），潜育（作用）　沼泽中土的形成过程，没有腐烂的植物物质在排水不好和低温的条件下堆积起来，在黏土下形成一个似泥煤的表面。

禾草状植物　指叶子窄得像草一样的植物，如莎草和灯芯草科植物。

生长季 供植物生长的时间，通常指冬季的最后一场霜冻与秋季的第一场霜冻之间，但也可能与降水的季节性有关。

生长形态 适应特定生态环境条件的植物的外观或形态。例如乔木、灌木和非禾本草本植物。

栖息地 物种生存所在地以及所在地的生态环境。

杜鹃花科植物 小叶灌木，如石楠和越橘，是石楠属植物。叶子能适应长期的干旱。

地面芽植物；半隐芽植物（瑙基耶尔型植物） 在地表长有更生芽的植物。

草本植物 草本的或者柔软的有绿色茎的植物。可能是一年生植物，也可能是多年生植物。阔叶的草本植物被称为非禾本草本植物。莎草被称为禾草状植物。

冬　眠 动物用冬眠来应对寒冷季节，动物的体温会降低到与环境的温度相同，这会导致新陈代谢减慢，对能量的需求减少。

高北极 指纬度高的北极地区，通常比低纬度地区的气候恶劣。

有机土壤 主要成分为有机物的土壤，通常在灰黏过程中形成，常见于沼泽。

腐殖质 部分腐烂的植物和动物的有机物质，呈深棕色，存在于土壤之中。它们是保持水分和给植物提供养分的重要物质。

始成土 在潮湿的气候条件下，不呈现明显的淋溶淀积或极端风化作用的矿质土壤。

指示植物 生物群落中典型的植物，在缺少气候数据时，可以用来划定生物群落区的范围。

引进栽培的（物种） 由人类运送到自然分布区域之外的物种。也叫外来物种或非当地物种。

逆　温 空气温度随着海拔升高而上升，不符合正常的温度越来越低的温度垂直梯度标准。

柯本（气候分类法） 以气温和降水为指标，参照自然植被的分布进行气候分类。

高山矮曲林 在林线长得极矮的树木，因气候条件恶劣而变形。

纬 度 赤道以北或以南的（距离赤道的范围），其计量单位是度。赤道是 0°纬线。低纬度地区位于南北纬 0°至 30°之间，中纬度地区位于南北纬 30°至 60°之间，高纬度地区位于南北纬 60°至 90°之间。

地 衣 由具有共生关系的真菌和水藻组成的生物形式，分类归属于单细胞生物。

生命形态（瑙基耶尔生活型系统） 基于形态学和更新芽位置的植物生命分类系统。

低北极 指北极纬度较低的地区，与高北极地区相比，通常气候不那么恶劣。

海洋性（气候） 大面积的水域对季节性的温度变化所起的作用。海洋性气候没有极端的温度。与大陆性气候相对应。

铺地植物 生长缓慢的多茎植物，根生长在匍匐地表的茎上。在地表形成密实的一层。

小气候 气候条件不同于所在地区总体气候条件的小区域。

微生境 生态环境条件特殊，不同于所在生境或者更大生境的小的生态系统。

形 态 生物体的形式与结构，大小与形状。一个生物体的总体外观。

冰 针 土壤中因冻结而膨胀的冰，会破坏表层土壤。

恒雪带 高山上有永久性冰雪的地带。它的下限用雪线标记。

雪蚀凹地 地表的凹陷部分，那里有雪积累下来，土壤湿润。

冰原岛峰 延伸到冰川以外的没被冰覆盖的山顶，在冰川作用期间为植物或动物提供了生存的地方，或许也是它们的避难之所。

冰水沉积（冰川的）　以冰川融水为主要营力，由砾石和砂粒组成的沉积物。

泥炭化作用；沼泽沉积作用　在酸性的情况下产生，因苔藓的生长，导致沼泽扩大。

母质，母质层　土壤剖面下部的层次，位于淀积层与母岩层之间，由岩石风化碎屑残积物或运积物构成。

多年生植物　生长期为多年的植物，每年都活跃地生长。

冰缘区　指受强烈的冰裂作用和泥流作用影响的寒冷地区，经常与冰川毗邻。

永冻土层　土层处于永久冻结的状态。

高位芽植物（瑙基耶尔生活型系统）　更新芽处于高位的植物，例如树木。

光照周期　日照的时间。取决于纬度，会随季节不同而变化。

光合作用　绿色植物在可见光的照射下，将水和二氧化碳转化为有机物的过程。可见光形式的能量被转化为能够被利用的化学能量。

生理机能　生物体新陈代谢的功能和过程。

更新世　气候变冷，有冰期与间冰期的明显交替。那个时期冰川运动频繁，距今约 260 万年至 1 万年。

极地荒漠　北极或者南极冻原最寒冷、最干燥的部分。极地半荒漠没有那么干燥或那么冷。

多倍体（生物）；多倍体（细胞）　指多于正常的两套染色体的（生物或者细胞）。

避难所　更新世时期没有被冰覆盖的区域。在这里，植物和动物能够保持它们的数量。

再生芽　在生长季，植物新生（部分）形成的地方。

地下茎，根茎 位于地表之下的卧式的根状结构。

莲座丛 一种植物生长形态，其特点是叶子环绕着中心茎或者更新芽，长成有基座的轮生体。可以在地面水平生长或者向高处生长。

硬　叶 指用来防止水分流失的厚厚的或者蜡质的叶子。

岩屑堆 主要由重力作用和坡面微弱冲刷作用所形成的非地带性地貌形态。

灌丛，矮树林 一种植被形式，以稀疏的小灌木或矮树为主要植物。

季节性 冬季与夏季的温度或降水方面的差异。

有性繁殖 新的个体的形成方式。植物通过配子（卵细胞）和花粉结合，动物通过卵细胞和精子结合。

土　壤 土地的最上层。由矿物质和有机物质的混合物组成，植物在其上生长。

土层，土壤层位 在化学性质、质地和颜色方面都十分清晰的土壤层。

太阳辐射 来自太阳的能量，也被称为短波辐射或日照。

泥　流 以细粒土为主的流动体。

物　种 指一群可以交配并繁衍后代的个体，是生物分类学研究的基本单元与核心。

灰　土 通常在森林植被之下形成的土壤。有分明的层次，特别是在浅颜色的沙质表面之下有深颜色的黏土层。

气　孔 植物叶子上的毛孔，植物通过它与大气进行气体交换。

亚高山带 比高山冻原略低的区域，也具有高山生态环境的一些特征。

亚北极地带 北极附近的地区，相当于北极的副极地区。它们具有北极地带的一些特征，但本身又有独特的气候、生物特征，形成其独立的生态系统。

升　华　冰或雪没有融化，越过液体状态直接进入气体状态的情况。

基　质　植物在其中生长的地表物质，包括岩石、土壤或沉积物。

肉质植物　一种植物的生长形式，茎、叶或地下生长部分上具有特殊的用来贮存水的组织。

太阳倾角　白天太阳在天空的高度，是影响气温的主要因素。太阳倾角越高，地表温度越高，反之，温度则越低。

岩　堆　由大块岩石组成的不稳定的斜坡，会受下坡运动的影响。

主根，直根　深深地扎在土壤之中的根，是植物得到水分的入口。

冰斗湖，山中小湖　高山冰川生态环境中占据着洼地的高山湖泊。

生物分类学　对生物体进行描述、分类和命名的科学。

温　带　一般是指中纬度的温度模式。在温带，夏季气温从温暖到炎热，冬季气温从温和到凉爽。不会太冷或太热。

第三纪　新生代的最老的一个纪。距今 6500 万年 ~ 180 万年。

叶状体，叶状植物　不能分化为茎、根或叶的非维管（束）植物的躯干。

耐受限度　指环境因素，如寒冷、炎热、干旱和积雪深度的极限。超越这个极限，个别物种将无法生存。

蛰　伏　动物冬眠，潜伏起来不食不动。

树　线　从林带到非林带的过渡区域。

热带高山带　赤道附近或热带地区的高山上的没有树木生长的地带。

热　带　地球上位于北纬 23.5° 与南纬 23.5° 之间的地区。

冻　原　指北极、南极或高山上的没有树木生长的地带。

丛生草　禾草和莎草的生长形态，草长成丛状或簇状，在地上形成引人注目的小圆丘。

有蹄类动物　指长有蹄子的哺乳动物，如牛、麋鹿，或野生山羊。

维管（束）植物　在根与叶之间用导管传导营养和水分的植物。包括有花植物和蕨类植物。

植　被　一个地区的植物覆盖的总称，它是按照植物（草、森林和灌木）的外表定义的，而不是按照这一地区所生长的植物的种类定义。

营养繁殖，无性繁殖　新的植物形式来自亲本植株的某个身体部分，如叶、根、茎，包括克隆。

在母株上萌发的　指长着小植株或像种子的嫩枝条而不是种子的植物。

成带现象　植物和小动物在环境适宜的地带聚居的现象。这种现象可能由纬度或海拔决定。